U0186315

大家小书

华罗庚 著

优选法与统筹法平话

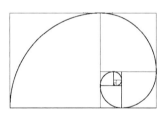

北京出版集团公司
北京出版社

图书在版编目（CIP）数据

优选法与统筹法平话 / 华罗庚著. — 北京：北京出版社，2020.1（2024.7重印）
（大家小书）
ISBN 978-7-200-15171-8

Ⅰ. ①优… Ⅱ. ①华… Ⅲ. ①优选法—普及读物②统筹法—普及读物 Ⅳ. ① O224-49 ② O223-49

中国版本图书馆 CIP 数据核字（2019）第 214259 号

总 策 划：安 东 高立志　责任编辑：高立志 邓雪梅

· 大家小书 ·

优选法与统筹法平话

YOUXUANFA YU TONGCHOUFA PINGHUA

华罗庚 著

出　　版　北京出版集团公司
　　　　　北京出版社
地　　址　北京北三环中路 6 号
邮　　编　100120
网　　址　www.bph.com.cn
总 发 行　北京出版集团公司
印　　刷　北京华联印刷有限公司
经　　销　新华书店
开　　本　880 毫米 ×1230 毫米　1/32
印　　张　5.75
字　　数　96 千字
版　　次　2020 年 1 月第 1 版
印　　次　2024 年 7 月第 5 次印刷
书　　号　ISBN 978-7-200-15171-8
定　　价　45.00 元

如有印装质量问题，由本社负责调换
质量监督电话　010-58572393

总　序

袁行霈

　　"大家小书"，是一个很俏皮的名称。此所谓"大家"，包括两方面的含义：一、书的作者是大家；二、书是写给大家看的，是大家的读物。所谓"小书"者，只是就其篇幅而言，篇幅显得小一些罢了。若论学术性则不但不轻，有些倒是相当重。其实，篇幅大小也是相对的，一部书十万字，在今天的印刷条件下，似乎算小书，若在老子、孔子的时代，又何尝就小呢？

　　编辑这套丛书，有一个用意就是节省读者的时间，让读者在较短的时间内获得较多的知识。在信息爆炸的时代，人们要学的东西太多了。补习，遂成为经常的需要。如果不善于补习，东抓一把，西抓一把，今天补这，明天补那，效果未必很好。如果把读书当成吃补药，还会失去读书时应有的那份从容和快乐。这套丛书每本的篇幅都小，读者即使细细地阅读慢慢地体味，也花不了多少时间，可以充分享受读书的乐趣。如果把它们当成补药来吃也行，剂量小，吃起来方便，消化起来也容易。

我们还有一个用意，就是想做一点文化积累的工作。把那些经过时间考验的、读者认同的著作，搜集到一起印刷出版，使之不至于泯没。有些书曾经畅销一时，但现在已经不容易得到；有些书当时或许没有引起很多人注意，但时间证明它们价值不菲。这两类书都需要挖掘出来，让它们重现光芒。科技类的图书偏重实用，一过时就不会有太多读者了，除了研究科技史的人还要用到之外。人文科学则不然，有许多书是常读常新的。然而，这套丛书也不都是旧书的重版，我们也想请一些著名的学者新写一些学术性和普及性兼备的小书，以满足读者日益增长的需求。

"大家小书"的开本不大，读者可以揣进衣兜里，随时随地掏出来读上几页。在路边等人的时候，在排队买戏票的时候，在车上、在公园里，都可以读。这样的读者多了，会为社会增添一些文化的色彩和学习的气氛，岂不是一件好事吗？

"大家小书"出版在即，出版社同志命我撰序说明原委。既然这套丛书标示书之小，序言当然也应以短小为宜。该说的都说了，就此搁笔吧。

从华老"双法"谈起

陈德泉

华罗庚教授是当代杰出的数学大师，早在上世纪40年代西南联大时期，他"对发展中国数学事业就有宏伟构想的蓝图，其中包括三部分：纯粹数学、应用数学和计算技术（含计算数学和计算机）。这在当时世界各国数学家中，能以全局整体视野去构想发展本国数学事业的实属罕见"。[1][2] 在50年代初，华老在美国深感"梁园虽好，非久居之乡"，毅然选择回来报效祖国。"华罗庚开始实施他曾经构想的发展蓝图，后人称为华罗庚在中国发展数学事业的三部曲。"[1][2]

在纯粹数学方面，华老采用讨论班的方法，每三五年就开拓一个方向，带出一个团队，出一批有世界水平的成果。他"是我国解析数论、典型群、矩阵几何学、自守函数论与多复变函数论等许多方面研究的创始人与开拓者，在诸多领域做出了卓越成果。他是中国计算机事业的创导者与开拓者之一，为中国计算机事业做出了重要贡献；他倡导应用数学，最早把数学理论和生产实践相结合；他致力于发展数学教育和科学普及工作，他培养了大批杰出人才、蜚声中外，被誉为'人民的数学家'". [1][2]

我和计雷1960年进入中国科技大学应用数学系，当时华老是我们的副校长、系主任，还给我们授过课，大学毕业后，有幸作为华老的学生和助手，跟随华老从事统筹法、优选法及其他应用数学和管理科学的理论研究、应用研究和普及推广工作。在应用数学的研究和应用推广"双法"（即优选法、统筹法）的二十年里，我们以亲身经历见证了华老爱国报国的热情、开拓我国应用数学的艰辛和为此付出的巨大努力。

上世纪50年代，华老在以数学为国民经济服务方面开展了一些尝试性的工作，1964年，决心把工作重点转移到应用数学领域，开展了应用数学理论研究、方法的分析与筛选，应用试点，以及推广普及的工作，探索在我国发展应用数学的途径。当他写信给毛主席汇报这个想法时，得到了毛主席的鼓励和支持。毛主席亲笔回信写到，"壮志凌云，可喜可贺"。1965年华老向毛主席汇报了《统筹方法平话》和工作后，毛主席再次回了亲笔信："你现在奋发有为，不为个人而为人民服务，十分欢迎。"[3]华罗庚教授更加坚定了在中国发展应用数学的决心，他在遇到困难时常用主席的话激励自己。在以后的工作中得到了周总理、邓小平、叶剑英、胡耀邦、王震、聂荣臻、习仲勋等老一辈革命家的支持和鼓励。[3]

华老在国内外的学术报告中，包括1985年6月12日在日本去世前的最后讲演——《理论数学与应用》，就如何发展应用数学作了十分清楚的阐述："应用科学的研究，不同于纯理论研究，不能只是完成理论研究工作，还要进行发展研究，开发应用有关的理论成果，通过实际检验进一步丰富，而且还要在发展研究的基础上推广应用，接受更广泛的检验，进一步提高发展。"[4]这是华老20多年来从事应用数学事业的基本思路与概括，也是他对应用数学所做的巨大贡献。

华老多次强调应用数学和纯粹理论数学不一样，不能只是写论文。应用数学还应该做发展研究，研究如何把应用数学的理论应用于实际，产生效果，推而广之进一步检验和提高发展，在实践中发现新问题、新需求，开展新研究。

华老深入浅出地写了《统筹方法平话》和《优选法平话》，这是开展应用数学发展研究的一种行之有效的方式。"深入"是指在深入的理论研究基础上，抓到核心思想；"浅出"是指去掉了许多装潢和枝节，用"平话"，即平常讲话之意，介绍了方法。这样在与实际相结合时，在向不同领域工作的人员学习领域知识时，也便于向不同数学水平的群众介绍应用数学方法，有利于沟通和解决实际问题，并取得成效。

　　在应用数学的理论研究方面，华老指导大家查阅了大量的国内外文献，并组织讨论班研究，对比相关的理论和方法。就统筹方法而言，经查仅中国情报所1965年印刷的《统筹方法资料（一）》[5]就收集了700余篇文献。华老在综合理论研究、过去的经验和我国实际需求的基础上提出了统筹方法。上世纪五六十年代，我国处于新兴的建设中，有比较多的建设项目，面大量广，需要面对各种各样的管理问题。1965年华老去西南铁路建设现场开展统筹法应用试点时，看到由于雷管质量不合格，浪费很大，甚至导致战士牺牲。这促动了他研究如何在设计和生产过程中优化合理的参数来提高产品的质量与效率，并降低成本。《优选学》和《优选法平话》就是在这样的背景下产生的，同样经过了理论研究、发展研究和推广普及的过程。

　　华老带领大家深入实际，一个项目一个项目研究，取得了经验和成果，然后逐步推广、应用、提高，形成地区和领域的系统成果，像滚雪球一样，应用范围不断发展。

　　华老带领的"双法小分队"也在不断扩大。从原来的师徒三人，到师徒四人，再发展为"双法小分队"。"双法小分队"除了数学工作者外，大多数是来自各行各业的，已经掌握优选法和统筹法，并且在应用领域上取得了较好成果的工程技术人员和工人。人数也由原来的几个人发展到几十人、几百人，先后到过中国二十八个省市和自治区。应用范围不断扩大，先后发展到化工、电子、能源、冶金、纺织、机械、轻工、林业、交通、农业和国防等领域。每到一处，在当地政府的领导下，华老和"双法小分队"深入实际与企业的领导、工程技术人员和工人结合，形成有上百万人参与的"在生产上搞优选，在管理上搞统筹"的科学实验活动，取得了大量成果和很好的经济效益。"双法"的应用十分广泛，从小处说，"双法"可以用到个人改进技术水平。例如大庆的青年电焊学徒工，在电焊大赛上通过几个项目的评比，获得第一名。参加比赛的老师傅觉得很不可理解，以为她有什么诀窍。在大家的追问下，她说就是在听完华罗庚的优选法报告后，对电焊的斜度、角度、速度等做了不同的试验，果然找到了最好的工艺条件，然后来参加的比赛。像这样的例子很多。从大处说，可用到大型、特大型项目和规划的管理上，如西南铁路的建设、能源基地的建设和规划等方面。

改革开放后，国家的经济形势发生很大变化，科研和企业的条件也得到改善，计算机逐渐普及。国家领导人要求华老为国家和行业的长远规划、重大项目研究和投融资等方面多做些工作，为国家决策提供咨询[3][6][7]。自此，华老应用数学研究的重点开始从为企业解决问题转为为国家层面的决策做咨询。华老根据形势的变化在实践中不断总结经验，提出了三十六字方针：大统筹、广优选、联运输、精统计、抓质量、理数据、建系统、策发展、利工具、巧计算、重实践、明真理。这为我国应用数学和管理科学拓展了下一步的研究方向和推广领域[6][8]。此后借助计算机的应用，开展了相关研究和应用试点，且取得成效。例如"两淮煤炭基地发展规划"，"大庆油田开发与地面工程规划方案优选的研究"等。

华老20年来在"双法"和应用数学方面的创造性工作和取得的成绩，受到中央、省市、行业和企业的充分肯定[6][7][10]，并得到国内外学术界的好评；在国内曾获得两个科学大会奖、四项国家科学技术进步奖，多项中国科学院和省部级奖。1984年，国家经委下达正式文件：向全国推荐统筹方法和优选法作为效果显著、应用面广的两种现代管理方法。钱学森教授称华罗庚教授是我国科学地组织管理工作的先行者[9]。华老曾应邀在欧洲、亚洲、美洲把研究、应用成果和体会介绍给国际同行，他的报告被誉为"为百万人的数学"，"除了中国外，对其他许多国家的情况也是完全适用的"。[3]他在第四届国际数学教育会议上介绍这方面工作，受到广泛赞誉。

通过"双法"了解一代数学大师为发展我国数学事业贡献

出的智慧，对当今互联网、大数据、人工智能和交叉学科领域人才的成长也必将很有启发。在华老百年诞辰纪念会时，中共中央政治局委员、国务委员刘延东在贺信中写道，"华罗庚先生作为当代自学成长的科学巨匠和誉满中外的著名数学家，一生致力于数学研究和发展，并以科学家的博大胸怀提携后进和培养人才，以高度的历史责任感投身科普和应用数学推广，为数学科学事业的发展做出了卓越贡献，为祖国现代化建设付出了毕生精力，他的崇高追求和历史功绩将熠熠生辉，彪炳史册。"[11]我们学习华罗庚教授要"把个人前途与国家未来紧密结合起来，坚持走中国特色自主创新道路，奋发有为，勇于拼搏，开拓创新，在建设创新型国家、实现中华民族伟大复兴的历史征程中彰显人生价值，做出更大贡献"。[11]

［1］方新：《在纪念华罗庚同志诞辰 100 周年座谈会上的发言》，［2019-12-09］https：//wenku．baidu．com/view/fb532d90590216fc700abb68a98271fe900eaf2c．

［2］白春礼：《纪念华罗庚先生百年诞辰大会讲话》，［2019-12-09］http：//www．cas．cn/xw/zyxw/201009/t2010091 9_2965829．shtml．

［3］顾迈南：《华罗庚传》，河北人民出版社，1986 年．

［4］华罗庚："理论数学与应用"．《优选法与管理科学》，1985 年，3 期．

［5］《统筹方法资料（一）》（内部资料），中国科学技术情报研究所，1965 年．

［6］华罗庚："适应国民经济发展，开展科技咨询服务"．《华罗庚诗文选》，中国文史出版社，1986 年．

［7］高扬文："一心为人民，慷慨掷此身"．《华罗庚诗文选》，中国文史出版社，1986 年．

［8］华罗庚："关于制定规划的几点想法"．《华罗庚诗文选》，中国文史出版社，1986 年．

［9］钱学森，许国志，王寿云：《组织管理的技术——系统工程》，上海交通大学出版社，2011 年．

［10］习仲勋："沉痛悼念华罗庚同志"．《华罗庚诗文选》，中国文史出版社，1986 年．

［11］"华罗庚百年诞辰纪念大会在京举行"．《科学时报》，2010-09-20（1）．

目　录

优选法平话

统筹方法平话

在中华人民共和国普及数学方法的
若干个人体会

优选法平话

一 "优选法"平话

§1 什么是优选方法？

优选方法的问题处处有，常常见．但问题简单，易于解决，故不为人们所注意．自从工艺过程日益繁复，质量要求精益求精，优选的问题也就提到日程上来了．简单的例子，如：一支粉笔多长最好？每支粉笔都要丢掉一段一定长的粉笔头，单就这一点来说，愈长愈好．但太长了，使用起来既不方便，而且容易折断，每断一次，必然多浪费一个粉笔头，反而不合适．因而就出现了"粉笔多长最合适"的问题，这就是一个优选问题．

蒸馒头放多少碱好？放多了不好吃，放少了也不好吃，放多少最好吃呢？这也是一个优选问题．也许有人说：这是一个不确切的问题。何谓好吃？你有你的口味，我有我的口味，好吃不好吃根本没有标准。对！但也不完全对！可否针对我们食堂定出一个标准来！假定我们食堂有一百人，放碱多少，这一百人有多少人说好吃，统计一下，不就有了指标吗？我们的问题就是找出合适的用碱量，使食堂里说好吃的人最多。

这只是引子，是比喻。实际上问题比此复杂，还有发酵问题等等没有考虑进去呢！同时，这样的问题老师傅早已从实践中摸清规律，解决了这一问题了，我们不过用来通俗说明什么是优选方法而已。

优选方法的适用范围是：

怎样选取合适的配方，合适的制作过程，使产品的质量最好？

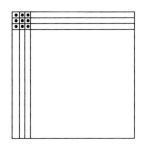

怎样在质量的标准要求下，使产量最高成本最低，生产过程最快？

已有的仪器怎样调试，使其性能最好？

也许有人说我们可以做大量实验嘛！把所有的可能性做穷尽了，还能找不到最好的方案和过程？大量的实验要花去大量的时间、精力和器材，而且有时还不一定是可能的。举个简单的例子，一个一平方公里的池塘，我们要找其最深点。比方说每隔一公尺测量一次，我们必须测量 1000 × 1000，总共一百万个点，这个问题不算复杂，只有横竖两个因素。多几个：三个、四个、五个、六个更不得了！假定一个因素要求准两位，也就是分 100 个等级，两个因素就需要 100 × 100 即一万次，三个就需要 100 × 100 × 100 即一百万次，四个就需要一亿次；就算你有能耐，一天能做三十次，一年做一万次，要一万年才能做完这些实验。

优选方法的目的在于减少实验次数，找到最优方案。例如在一个因素时，只要做 14 次就可以代替 1600 次实验。上面所说的池塘问题，有 130 次就可以代替一百万次了（当然我们假定了池塘底都不是忽高忽低的）。

§2 单因素

我们知道，钢要用某种化学元素来加强其强度，太少不好，太多也不好．例如，碳太多了成为生铁，碳太少了成为熟铁，都不成钢材，每吨要加多少碳才能达到强度最高？假定已经估出（或从理论上算出）每吨在 1000 克到 2000 克之间．普通的方法是加 1001 克，1002 克，……做下去，做了一千次以后，才能发现最好的选择，这种方法称为均分法．做一千次实验既浪费时间、精力，又浪费原材料．为了迅速找出最优方案，我们建议以下的"折叠纸条法"．

请牢记一个数 0.618．

用一个有刻度的纸条表达 1000 ~ 2000 克，在这纸条长度的 0.618 的地方画一条线，在这条线所指示的刻度做一次实验，也就是按 1618 克做一次实验．

1000克   1618克   2000克

然后把纸条对中叠起，前一线落在另一层上的地方，再画一条线，这条线在1382克处，再按1382克做一次实验．

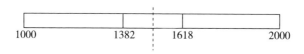

1000   1382   1618   2000

两次实验进行比较，如果1382克的好一些，我们在1618克处把纸条的右边一段剪掉，得：

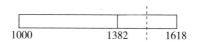

1000   1382   1618

（如果1618克比较好，则在1382克处剪掉左边一段）．再依中对折起来，1382克的线落在另一层上的地方，又可画出一条线在1236克处：

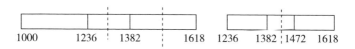

1000   1236   1382   1618   1236   1382   1472   1618

依 1236 克做实验，再和 1382 克的结果比较．如果，仍然是 1382 克好，则在 1236 克处剪掉左边：

再依中对折，找出一个试点是 1472，按 1472 克做实验，做出后再剪掉一段，等等．注意每次留下的纸条的长度是上次长度的 0.618（留下的纸条长 = 0.618 × 上次长）．

就这样，实验、分析、再实验、再分析，矛盾的解决和又出现的过程中，一次比一次地更加接近所需要的加入量，直到所能达到的精度．

从炼钢发展的历史也可以充分地看出"优选法"的意义，最初出现的生铁，含碳量达 4%，后来熟铁出世了，几乎没有含碳量．在欧洲 18 世纪 70 年代前，熟铁还是很盛行的．各种钢的出现，就是按客观要求找到最合适的含碳量的过程．例如：可以冷压制成汽车外壳的钢是含碳量 0.15% 的低碳钢．做钢梁的大型工字钢所要求的是含碳量 0.25% 的软钢．通过热处理可以硬化制成车轴、机轴的是含碳量 0.5% 的中碳钢．做弹簧、锤、锉、斧又需要含碳量 1.4% 的高碳钢．各种合金钢就更需要选择配方了．

以上不过拿钢来做例子，像配方复杂的化学工业、生产条件复杂的电子工业等，那就更需要优选方法了．

§3　抓主要矛盾

事物是复杂的，是由各方面的因素决定的，因而必须考虑多因素的问题．但在介绍多因素的"优选法"之前，我们应该学习毛主席的论断："任何过程如果有多数矛盾存在的话，其中必定有一种是主要的，起着领导的、决定的作用，其他则处于次要和服从的地位．"

"优选法"固然比普通的穷举法（或排列组合法）更适合于处理多因素的问题，但必须指出，随着因素的增多，实验次数也随之迅速地增加（尽管比普通方法的增加率慢得多），因此，为了加快速度节约人力、物力，减少实验次数，抓主要矛盾便成为关键的关键；至少应当尽可能把那些影响不大的因素，暂且撇开，而集中精力于少数几个必不可少的、起决定作用的因素来进行研究．

举例来说：某金属合金元件经淬火后，产生了一层氧化皮，我们希望把氧化皮去掉，而不损害金属表面的光洁度．有一种方法叫作酸洗法，就是用几种酸配成一种混合液，然后把金属元件浸在里面，目的在短时间内去掉氧化皮，不损失光洁度．

选择哪几种酸的问题，这儿不说了．只说，已知要用硝酸和氢氟酸，怎样的配方最好？具体地说要配 500 毫升酸洗液，怎样配？

看看因素有多少：硝酸加多少？氢氟酸加多少？水加多少？什么温度？多长时间？要不要搅拌，搅拌的速度和时间？一摆下来有七个因素，每个因素就算它分为 10 个等级，用穷举法就要做 10^7 次实验，即一千万次，就算优选法有本领，只要万分之一的工作量，那也要做一千次，太多啦！

请看搞这项实验的同志是怎样按照毛主席抓主要矛盾的指示来分析问题的．

总共是 500 毫升，两种酸的用量定了，水的量也就定了，所以水不是独立因素．

其次，配好了就用，温度的变化不大，温度不考虑．

再次，时间如果指的是配好后到进行酸洗的时间，我们也不考虑这时间，因为配好就洗；如果指酸洗所需要的时间，那不是因素而是指标，这次搞出的酸洗液只要三分钟，所以也不成问题．

最后，搅拌不搅拌就暂不考虑．

结果就只有两个因素：硝酸多少？氢氟酸多少？因此，只用一天时间做 14 次实验就把问题解决了．否则就要成月成年的时间了.

再补充说明一下这样分析的用意: 三种配比有时会误解为三个因素, 实际上只有两个因素(变数)是独立的.

酸洗的时间长短, 不是因素而是指标, 就是说, 该时间不是自变数, 而是因变数.

采用"优选法"的同志必须注意: 在分析问题的时候, 要弄清楚到底有哪些是独立变数, 经验告诉我们这都是易于发生的错误. 还必须再强调一下, 在分析出哪些因素是独立变数之后, 还要看其中哪些因素是主要的.

§4　双因素

假如有两个因素要考虑, 一个是含量 1000~2000 克, 另一个是温度 5000~6000℃.

我们处理的方法: 把纸对折一下, 例如是在 1500 克处对折, 在固定了 1500 克的情况下, 找最合适的温度, 用单因素方法(即§2 的方法)找到了在"×"处. 再横对折, 在 5500℃时用单因素的方法(即§2 的方法), 找到最合适的含量在"○"处. 比较"○"与"×"两处的实验, 哪个结果好. 如果在"×"处好, 则裁掉下半张纸(如果在"○"处好, 则裁掉左半张）. 在余下的纸上再用上法进行.

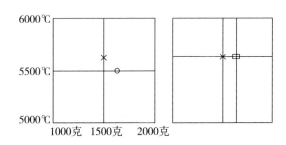

当然因素越多，问题越复杂，但在复杂情况中含有灵活思考的余地. 例如：当我们找到"×"处后，我们放弃对折法，而用通过"×"的横线，在这条横线上做实验，用§2的方法找到"□"处最好，再通过在"□"处的竖线上做实验，等等.

例如，某工厂曾处理的问题就是本节提出来的、采用酸洗液洗去金属元件的氧化皮的问题. 经过分析后，将问题变为：配500毫升酸洗液；问：水、硝酸和氢氟酸各放多少效果最好？

根据经验和有关资料，他们原先拟定：硝酸加入量在0～250毫升范围内变化，氢氟酸在0～25毫升范围内变化，其余加水. 这是一个双因素的问题.

这样的实验，如果采用排列组合的方式进行. 若硝酸0～250

毫升按 5 毫升分一等分，共分成 50 等分．氢氟酸由 0~25 毫升按 2 毫升分一等分，共分成 13 等分．如此需要进行 $50 \times 13 = 650$ 次实验．这是既花时间又花物力的实验．我们用"优选法"得出的结果，氢氟酸的取值是 33 毫升，竟超出所实验的范围之外．因此，就是做遍 650 次也找不到这样好的酸洗液．

用"优选法"指导实验，第一步固定氢氟酸配比在变化范围 0~25 毫升的正中，假定加入量为 13 毫升，先对硝酸含量进行优选．具体方法是，把 0~250 毫升标在一张格子纸条上，用纸条长度表示实验范围．从 0 开始，按 0.618 的比例先找到第一个实验点甲为 155 毫升，做一次实验．然后将纸条对折起来，从中线左侧找到甲的对称点乙为 95 毫升，做第二次实验（见图）．对比甲、乙二次实验结果，知道甲比乙好，立即剪掉乙点左侧的纸条（即淘汰小于 95 毫升的实验点），得出新的实验范围（即 95~250 毫升），再将剩下纸条对折起来，找到甲的对称点丙为 190 毫升，做第三次实验（见图）．对比丙与甲的结果，知道甲比丙好，即将丙点右侧的纸条剪掉（即淘汰大于 190 毫升的实验点），又得出新的实验范围（95~190 毫升），再同样对折找甲的新对称点做新的实验（见图）．如此循环，到第五次实验即找到硝酸配比最优为 165 毫升．第二步将硝酸含量固定为 165 毫升，用同样方法对氢氟酸加入量

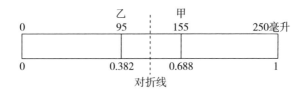

进行优选，发现氢氟酸含量在边界点 25 毫升时，酸洗质量较好，说明原来给出的范围不一定恰当，决定在 25~50 毫升范围再进行优选，到第九次实验，找到氢氟酸最优点为 33 毫升。至此，共实验十四次，所找到的配方已经能很好地满足生产的需要了，因此实验结束。否则，还需再次将氢氟酸含量固定为 33 毫升，再用同样方法对硝酸含量进行优选，如此做下去，直到找到最优配方为止。这个例子说明，用"优选法"不仅能够多快好省地找到最优方案，而且可以纠正根据经验初步确定的范围不当的错误。

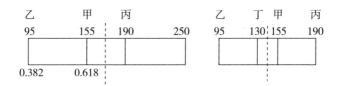

附记

1. 上述合金酸洗液的选配问题, 在过去两年里, 曾进行过两次实验. 1968 年的实验失败了, 1969 年经过许多次实验, 总算找到一种酸洗液配方, 勉强可用; 但酸洗时间达半小时, 还要用刷子刷洗.

这次采用优选方法, 不到一天时间, 做了十四次实验, 就找到了一种新的酸洗液配方. 将合金材料放入这种新的酸洗液中, 马上反应, 三分钟后, 氧化皮自然剥落, 材料表面光滑毫无腐蚀痕迹.

2. 令 x 代表硝酸量, y 代表氢氟酸量; 根据经验和有关资料, 假定:

$$0 \leqslant x \leqslant 250 (毫升); \qquad 0 \leqslant y \leqslant 25 (毫升).$$

如果没有经验和有关资料, 只有如下条件:

$$x + y \leqslant 500, \ 0 \leqslant x, \ 0 \leqslant y;$$

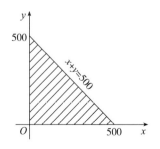

我们如何处理？也就是如何进行选配？在这种情况下，上述的双因素方法仍可应用，但应注意在三角形之外的点不在考虑之列．更好的方法是改换变数：

$$z = x + y, \quad x = tz;$$

也就是我们令 $z(0 \leqslant z \leqslant 500)$ 代表加入酸的总数量而令 $t(0 \leqslant t \leqslant 1)$ 代表硝酸占总酸量的成分并作为自变量．于是问题仍然归结为在长方形： $0 \leqslant z \leqslant 500$， $0 \leqslant t \leqslant 1$

中求最优方案的问题．

§5 多因素

（初看时，此节可略去．在有些实践经验，充分掌握了一两个因素的方法之后，再试看试用这一节．）

也许有人说，"折纸法"由于纸只有长和宽，只能处理两个因素的问题，两个因素以上怎么办？学过数学的可以用"降维法"三个字来处理．只要理解了怎样降维，就可以迎刃而解了．以上两个因素问题的处理方法就是把"二维"降为"一维"的方法．

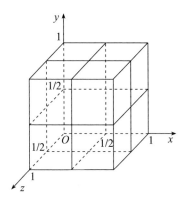

我们以上的根据是对折长方形，现在抽象成为"对折"长方体，也就是把长方体对中切为两半，大家知道共有三种切法，在这三个平分平面上，找最优点，都是两个因素(固定了一个因素)的优选问题．这样在三个平分面上各找到了一个最优点．在这三点处，比较哪个点最好，把包有这一点的 $\frac{1}{4}$ 长方体留下，再继续施行此法．

举例说：如果在立方体

$$0 \leqslant x \leqslant 1, \ 0 \leqslant y \leqslant 1, \ 0 \leqslant z \leqslant 1$$

中找最优点．在三个平面：

$$x = \frac{1}{2}, \ 0 \leqslant y \leqslant 1, \ 0 \leqslant z \leqslant 1$$

$$0 \leqslant x \leqslant 1, \ y = \frac{1}{2}, \ 0 \leqslant z \leqslant 1$$

$$0 \leqslant x \leqslant 1, \ 0 \leqslant y \leqslant 1, \ z = \frac{1}{2}$$

上，各用双因素法找到最优点：

$$\left(\frac{1}{2}, \ y_1, \ z_1 \right), \ \left(x_2, \ \frac{1}{2}, \ z_2 \right), \ \left(x_3, \ y_3, \ \frac{1}{2} \right).$$

看这三个点中哪个最好，如果 $\left(\frac{1}{2}, \ y_1, \ z_1 \right)$ 最好，而且

$$0 \leqslant y_1 \leqslant \frac{1}{2}, \ 0 \leqslant z_1 \leqslant \frac{1}{2},$$

则在长方体 $\quad 0 \leqslant x \leqslant 1, \ 0 \leqslant y \leqslant \dfrac{1}{2}, \ 0 \leqslant z \leqslant \dfrac{1}{2}$

中继续找下去．如果 $0 \leqslant y_1 \leqslant \dfrac{1}{2}, \ \dfrac{1}{2} \leqslant z_1 \leqslant 1$，则在长方体

$$0 \leqslant x \leqslant 1, \ 0 \leqslant y \leqslant \frac{1}{2}, \ \frac{1}{2} \leqslant z \leqslant 1$$

中找下去等等．总之，留下来的体积是原来体积的 $\dfrac{1}{4}$．

  在实际操作过程中，在定出两平面上的最优点后，可以经比较，先去掉一半，然后再处理另一平面．

二 特殊性问题

§1 一批可以做几个实验的情况

例如，一次可以做四个实验，怎么办？根据这一特点，我们建议用以下的方法：

1. 把区间平均分为五等份，在其中四个分点上做实验。

2. 比较这四个实验中那个最好？留下最好的点及其左右。然后将留下来的再等分为六份。再在"×"做实验。

3. 继续留下最好的点及其左右两份区间，再用同法，这

样不断地做下去，就能找到最优点.

这是某工厂的工人老师傅所建议的方法，实质上，可以证明，这是最好的方法. 但须注意，对于每批偶数个实验，这样均分是最好的. 然而对于每批奇数个实验的情况，则就比较麻烦些(每次一个就是0.618)，这儿不叙述了.

有些资料上认为，"优选法"只适用于每次一个实验. 每次多个实验只好用老方法"实验设计"，这种看法是值得商讨的.

§2　平分法

在实践中遇到这样的问题. 某一产品依靠某种贵重金属. 我们知道，采用16%的贵重金属生产出来的产品质量合乎要求. 我们问，可否少些、更少些呢? 使产品自然符合要求. 这样来降低成本.

我们建议用以下的平分法，而不用0.618法. 我们在平分点8%处做实验. 如果8%仍然合格，我们甩掉右边一半(不合格甩掉左边一半). 然后再在中点4%处做实验，如果不合格，就甩掉右边一半. 再在中点6%处做实验，如果合格，再在4%与6%之间的5%处做实验，仍然合格. 留有余地，工厂里照6%的贵重金属进行生产.

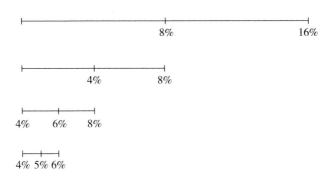

这一方法在一些工厂都早已用上了.

§3 平行线法

我们的问题是两个因素：一个是温度，一个是时间.炉温难调，时间易守.根据这一特点，我们采用"平行线法"，先把温度固定在0.618处，然后对不同的时间找出最佳点，在"○"处.再把温度调到0.382处，固定下来，对不同的时间找出最佳点，在"×"处.对比之后，"○"处比"×"处好，我们画掉下面的部分.然后用对折法找到下一次温度该是多少，……

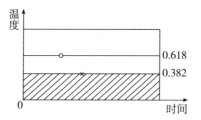

这个方法是某工厂结合实际的创造.

§4　陡度法

在 A 点做实验得出来的数据是 a，在 B 点做实验得出来的数据是 b. 如果 $a > b$，则 $\dfrac{(a-b)}{(A、B \text{ 间的距离})}$ 称为由 B 上升到 A 的陡度.

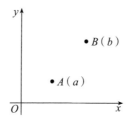

在某化工厂，我们遇到过这类问题. 这是一个双因素的

问题，我们在横线上做了两个实验(①、②)之后，我们立刻转到竖线上去，又做了两个实验(③、④)．我们发现④点特好，②点特差；在这种情况下我们就不再在横、竖二线上做实验了．我们在②与④的连线上⑤点做了一个实验，结果更好，超过了我们的要求．

总起来这是陡度问题．可以计算①到④，②到④，③到④的陡度；看哪个最陡，就向哪个方向爬上去．

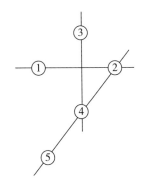

这个方法在某工厂曾经用过：从已有的实验数据中发现了很陡的方向，这个方向正是寻找最优方案的方向．在这个方向上实验，我们找到了最满意的点．

§5 瞎子爬山法

瞎子在山上某点，想要爬到山顶，怎么办？从立足处用明杖向前一试，觉得高些，就向前一步，如果前面不高，向左一试，高就向左一步，不高再试后面，高就退一步，不高再试右面，高就向右走一步，四面都不高，就原地不动。总之，高了就走一步，就这样一步一步地走，就走上了山顶。

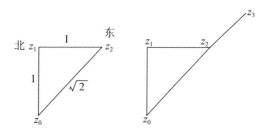

这个方法在不易跳跃调整的情况下有用，当然我们也不必一步一步按东南西北四个方向走，例如在向北走一步向东走一步后，我们得出 z_0，z_1，z_2 三个数据，由此可以看到由 z_1 到 z_2 的陡度是 $z_2 - z_1$，而由 z_0 到 z_2 的陡度是 $\dfrac{z_2 - z_0}{\sqrt{2}}$，如果 $\dfrac{z_2 - z_0}{\sqrt{2}} >$

$z_1 - z_0$，我们为什么不去尝试在$\overrightarrow{z_0z_2}$的方向上走一段试试看，点愈多，愈可以帮助我们找向上爬的方向.

这个方法适合于正在生产着而不适于大幅度调整的情况.

§6 非单峰的情况如何办?

也许有人说，你所讲的只适用于"单峰"的情况. 多峰(即有几个点，其附近都比它差)的情况怎样办? 我们建议：

1. 先不管它是单峰还是多峰，就按单峰的方法去做，找到一个"峰"后，如果符合要求，就先开工生产，然后有时间继续再找寻其他可能的更高的"峰"(即分区寻找).

2. 先做一批分布得比较均匀疏离的实验，看其是否有"多峰"的现象出现，如果有"多峰"现象，则按分区寻找. 如果是单因素，最好依以下的比例划分：

$$\alpha : \beta = 0.618 : 0.382$$

例如，三个分点，可以取之如：

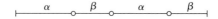

这留下来的成为：

$$\vdash\!\!\!\!\overset{\alpha}{\underset{}{\,}}\,\overset{\circ}{\underset{}{\,}}\,\overset{\beta}{\underset{}{\,}}\!\!\!\!\dashv \quad \text{或} \quad \vdash\!\!\!\!\overset{\beta}{\underset{}{\,}}\,\overset{\circ}{\underset{}{\,}}\,\overset{\alpha}{\underset{}{\,}}\!\!\!\!\dashv$$

的形式，这就便于应用 0.618 法.

但不要有所顾虑，我们的方法不会比穷举法即排列组合法更吃亏些. 充其量不过是，用"优选法"后，你再补做按穷举法原定要做的一些实验而已.

在实际工作中，尤其在探索未知的科研项目，已经见到过一些比较复杂的问题. 比方出现鞍点(即马鞍形的中间点，该点对左右而言它是极大，对前后则它又是极小)的情况. 这要按常规做法，会发生一辈子都做不完的情况. 但用"优选法"在一两周即完成了. 在化工系统碰到过不少这种例子.

三　补　充

我们扼要地在第一部分平话中讲了一般性的方法，在第二部分列举了一些特殊性的方法．在"用"的过程中，如对以上两部分仍不能满足，可以参考这第三部分．如果读者一时不能全懂，不要急，拣能用的就用．在不断实践、不断思考的过程中，会有所前进的．至于看理论完整的专书，最好是在有些实际经验之后．

§1　这是一个求最大(或最小)值的问题

对学过数学的人来说，这是一个求函数的最大(或最小)值的问题．例如：某一质量指标 T 取决于三个因素的大小，也就是

$$T = f(x, y, z).$$

问题的中心在于变化范围

$$a \leqslant x \leqslant p, \ b \leqslant y \leqslant q, \ c \leqslant z \leqslant r$$

内求函数 $f(x, y, z)$ 的最大值. 也许有人认为这是在微积分书上早已见到并熟悉了的问题. 但实际上, 有一个能行不能行的问题. 首先, 你必须知道函数 $f(x, y, z)$ 的表达式, 即使知道了 $f(x, y, z)$ 的解析式, 还要解联立方程.

$$\frac{\partial f}{\partial x} = 0, \ \frac{\partial f}{\partial y} = 0, \ \frac{\partial f}{\partial z} = 0;$$

这可能是超越方程, 求解并不容易; 即使解出来了, 还要判断, 并且研究它是不是整个区域内的最大值.

但简单的 $f(x, y, z)$ 不常见, 还可能未被发现, 甚至根本写不出来. 例如上面《平话》部分所提到的, "说好吃的"人数百分比是用碱量的一个怎样的函数?

也许有人建议, 用统计回归找出一个公式, 然后再求极大值. 但统计学总是需要大量实验, 计算也不简单, 而且用回归得出来的函数往往简单得失真 (经常假定是一次二次的). 我们既有做大量实验的打算, 为什么不直接采用优选方法呢? 何况这样做, 实验次数还可大大减少!

§2 0.618 的由来

0.618 是

$$W = \frac{-1 + \sqrt{5}}{2}$$

的三位近似值，根据实际需要可以取 0.6，0.62，或比 0.618 更精确的值.

W 这一个数有一个特殊性，即

$$1 - W = W^2 \text{(该方程的解正是 } \frac{-1 + \sqrt{5}}{2} \text{)}.$$

W 与 $1 - W$ 把区间 $[0，1]$ 分为如下图的形式：

不管你丢掉哪一段（$[0，(1-W)]$ 或 $[W，1]$），所余下的包有一点，其位置与原来两点之一（$1 - W$ 或 W）在 $[0，1]$ 中所处的位置的比例是一样的. 具体地讲，原来是 $0 < 1 - W < W < 1$ 丢掉右边一段（$[W，1]$）后的情况是：

$$0 < 1 - W = W^2 < W,$$

这不正是[0，1]缩小 W 倍的情况吗?

同样，丢掉左边一段([0，(1 - W)])后的情况是：

$$1 - W < W = (1 - W) + W(1 - W) < 1,$$

这区间的总长度还是 W，而 W 与1的距离是 $1 - W$ 的 W 倍．

这方法是平面几何学上的黄金分割法，因而这个"优选法"也称为黄金分割法，在中世纪欧洲流行着依黄金分割法做的窗子最好看的"奇谈"(也就是用 0.382:0.618 的比例开窗子最好看)．

§3 "来回调试法"

读者不要以为上一节已经回答了 $W = \dfrac{-1 + \sqrt{5}}{2}$ 的来源了．

问题更准确的提法应是：在区间[a，b]内有一个单峰函数 $f(x)$，我们有如下的方法找到它的顶峰[并不需要函数 $f(x)$ 的真正表达式]．

先取一点 x_1 做实验得 $y_1 = f(x_1)$，再取一点 x_2 做实验得 $y_2 = f(x_2)$，如果 $y_2 > y_1$，则丢掉[a，x_1]，(如果 $y_1 < y_2$，则丢掉[x_2，b])．在余下的部分中取一点 x_3 (这点 x_3 也可能取在 x_1，

x_2之间），做实验得$y_3 = f(x_3)$，如果$y_3 < y_2$，则丢$[x_3, b]$，再在余下的(x_1, x_3)中取一点x_4，……不断做下去，不管你怎样盲目地做，总可以找到$f(x)$的最大值．但问题是：怎样取x_1，x_2……使收效最快[这里，效果是对任意$f(x)$而言的]，也就是做实验的次数最少．要回答这一问题，还需要一些并不高深的数学知识(例如：《高等数学引论》第一章的知识)，不在这儿详谈了①．但必须指出，外国文献上的所谓证明并非证明．

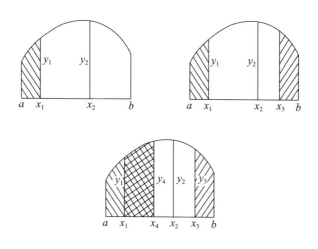

---

① 对归纳法熟悉的同志,建议先用它证明F_{n+1}的表达式及分数法是最好的.然后再证分数法的极限就是黄金分割法,但归纳法的缺点在于要先知道结论.

§4 分数法

在我国数学史上关于圆周率 π 有过极为辉煌的一页．伟大的数学家祖冲之(429～500)就有以下两个重要贡献．其一，是用小数来表示圆周率：

$$3.1415926 < \pi < 3.1415927.$$

其二，是用分数

$$\frac{355}{113}$$

来表示圆周率，它准确到六位小数，而且其分母小于 33102 的分数中没有一个比它更接近于 π．

这种分数称为最佳渐近分数(可参考:《从祖冲之的圆周率谈起》，见《数学知识竞赛五讲》91 页至 106 页)．

我们现在处理

$$\frac{\sqrt{5}-1}{2}$$

也有两种方法，其一是小数法 0.618，其二是分数法，即上述所引用的小书上的方法，可以找到这数的渐近分数：

$$\frac{3}{5}, \ \frac{5}{8}, \ \frac{8}{13}, \ \frac{13}{21}, \ \frac{21}{34}, \ \frac{34}{55}, \ \frac{55}{89}, \ \frac{89}{144}, \ \cdots\cdots$$

这些分数的构成规律是由：

1，1，2，3，5，8，13，21，34，55，89，144，……得来的，而这个数列的规律是：

$1+1=2$，$1+2=3$，$2+3=5$，$3+5=8$，$5+8=13$，$8+13=21$，$13+21=34$，……

是否要这样一个一个地算出？能不能直接算出第 n 个数 F_n 呢？一般的公式是有的，即

$$F_n = \frac{1}{\sqrt{5}}\left[\left(\frac{\sqrt{5}+1}{2}\right)^{n+1} - \left(\frac{1-\sqrt{5}}{2}\right)^{n+1}\right].$$

（读者可以参考《从杨辉三角谈起》，见《数学知识竞赛五讲》20 页至 80 页，有了这个公式，读者也可以用归纳法直接证明）．读者也极易算出：

$$\lim_{n\to\infty}\frac{F_n}{F_{n+1}} = W = \frac{\sqrt{5}-1}{2}$$

由渐近性质，读者也可以看到分数法与黄金分割法的差异不大，在非常特殊的情况下，才能少做一次实验．

如果特别限制实验次数的情况下，我们可用分数来代替 0.618，例如：假定做十次实验，我们建议用 $\frac{89}{144}$，如果做九次实验用 $\frac{55}{89}$ 等等．这种情况只有实验一次代价很大的情况才用．

§5 抛物线法

对技术精益求精，不管是黄金分割法或是分数法，都只比较一下大小，而不管已做实验的数值如何．我们能不能利用一下，例如在试得三个数据后，过这三点做一抛物线，以这抛物线的顶点做下次实验的根据．确切地说在三点 x_1，x_2，x_3 各试得数据 y_1，y_2，y_3 我们用插入公式

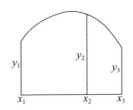

$$y = y_1 \frac{(x-x_2)(x-x_3)}{(x_1-x_2)(x_1-x_3)} + y_2 \frac{(x-x_1)(x-x_3)}{(x_2-x_1)(x_2-x_3)}$$
$$+ y_3 \frac{(x-x_1)(x-x_2)}{(x_3-x_1)(x_3-x_2)}.$$

这函数在

$$x_0 = \frac{1}{2} \cdot \frac{y_1(x_2{}^2 - x_3{}^2) + y_2(x_3{}^2 - x_1{}^2) + y_3(x_1{}^2 - x_2{}^2)}{y_1(x_2 - x_3) + y_2(x_3 - x_1) + y_3(x_1 - x_2)}$$

处取最大值. 因此我们下一次的选点取 $x = x_0$ (但最好是当 y_2 比 y_1 和 y_3 大时, 这样做比较合适). 同时当 $x_0 = x_2$ 时, 我们的方法还必须修改. 例如: 取 $x_0 = \dfrac{1}{2}(x_1 + x_2)$.

§6 双变数与等高线

变数多了, 问题复杂了, 也就困难了. 但问题愈复杂, 就愈需要动脑筋, 也愈有用武之地. 第二部分中曾经提到过, 我们并不要做完一条平分线后再做另一条, 而是可以在每条线上做一两个实验就可以利用"陡度"了. 也有人建议: 第一批实验不在对折线上做, 而在 0.618 线上用单因素法求出这直线上的最优点. 这建议好, 下一批实验可以少做一个. 我们也提起过, 在温度难调, 时间好守的情况下, 用平行线法, 这些"变着"都显示着, 在复杂的情况下, 更需要灵活思考.

我们还是从两个变数谈起.

我们假定在单位方

$$0 \leqslant x \leqslant 1, \ 0 \leqslant y \leqslant 1$$

中做实验, 寻求 $f(x, y)$ 的最大值. 从几何角度来看, $f(x, y)$ 可以看成为在 (x, y) 处的高度. 如果把 $f(x, y)$ 取同一值的曲线称为等高线，$f(x, y) = a$ 的曲线称为高程是 a 的等高线。这样两个变数问题的几何表达方式就是更有等高线的地形图。

我们再回顾一下，以往我们在一直线上求最佳点的几何意义。例如在 $x = 0.618$ 的直线(1)上，照单因素方法做实验：找到最佳点在 A 处，数值是 a。这一点是一等高线(高程为 a)的切点。再在通过 A 的、平行于 x 轴的直线上找最佳点，这点在 B 处，数值是 b。这样 $b > a$，而且 B 点是等高线 $f(x, y) = b$ 的切点。再在通过 B 平行于 y 轴的直线上找最佳点……这一方法就是一步一步地进入一个高过一个的等高圈，最后达到制高点的方法。

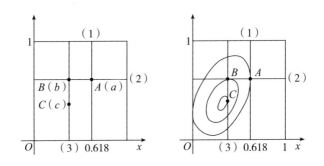

注意：有人认为，找到一点横算是最优，竖算也最优，这样的点称为"死点"，因为以上的方法再也做不下去了。实

际上，这是误会，这不是"死点"，而是最有意义的点（读者试从 $\dfrac{\partial f}{\partial x}=0$，$\dfrac{\partial f}{\partial y}=0$，就可以看出这点所处的地位了）．

有了几何模型，就可以启发出不少方法，第二部分所讲的陡度就是其中之一．例如还有：最陡上升法（梯度法），切块法，平行切线法等等．

多变数的方法不少，不在这儿多叙述了．但必须指出：资本主义国家流行了很多名异实同，巧立名目，使人看了眼花缭乱的方法．为专名、为专利，这是资本主义制度下所产生的自然现象．但我们必须循名核实、分析取舍才行．

§7 统计试验法

把一个正方形（或长方形），每边分为一百份，总共有一万个小方块，每块取中心点，共一万个点．我们的目的是：找出一点，在那点实验所得的指标最好．

如果我们考虑容易一些的问题，找出一点比 8000 点的指标都好，我们建议用以下的方法：

把这些点由一到一万标起号来．另外做一个号码袋，里面有一万个号码．摸出哪一个号码就对号做试验，这方法叫

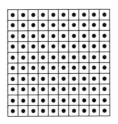

作统计试验法. 也就是外国文献上所谓的蒙特 - 卡罗(Monte
- Carlo)法.

　　它的原理是: 一个袋内装有 2000 个白球, 8000 个黑球,
摸出一个白球的可能性是 2000/10000 = 0. 2 = 20% ; 摸出一个
黑球的可能性是:

$$1 - 0. 2 = 0. 8,$$

连摸两个都是黑球的可能性是:

$$0. 8^2 = 0. 64,$$

连摸四个都是黑球的可能性是:

$$(0. 8)^4 = (0. 64)^2 = 0. 41,$$

连摸八次全是黑球的可能性是:

$$(0. 8)^8 = (0. 41)^2 = 0. 17,$$

连摸十次全是黑球的可能性是:

$$(0. 8)^{10} = (0. 8)^8 (0. 8)^2 = 0. 11,$$

也就是连摸十次有白球的可能性是:

$$1 - 0.11 = 0.89,$$

也就是差不多十拿九稳的事了.

结合以上的问题, 我们随机做十次试验, 有 89% 的把握找到一点比 8000 点的指标都好.

这方法的优点在于, 不管峰峦起伏, 奇形怪状都行, 因素多少关系也不大.

缺点在于毕竟是统计方法, 要碰"运气", 大数定律、实验次数多才行.

其中还包括一个"摸标号"的问题. 除在上面所介绍的号码袋外, 还有所谓"随机数发生器". 一种是利用盖格计数器计算粒子数, 看奇、偶, 用二进位法来决定的; 另一种是利用噪声放大器. 这些机器有快速发生随机数的优点, 但就做试验的速度而言, 并不需要如此快速地产生随机数.

更好的方法是数论方法 (见华罗庚与王元《数值积分及其应用》, 科学出版社, 1963 年). 这一方法既不需要任何装置, 而且误差不像上述所讲的两种机器那样是概率性的, 而是肯定性的.

这一方法, 读者务必要分析接受, 不要轻易应用.

§8　效果估计

把$[0, 1]$均分为$n+1$份，做n个实验，可以知道最优点在$\dfrac{2}{n+1}$长的区间内．如果约定的精度是δ，则我们需要做的实验次数便是使得

$$\frac{2}{n+1} < \delta$$

的n，也就是n的数量级是$\dfrac{1}{\delta}$．

对黄金分割法来说，做n次实验可以知道最优点在一个长度为$(0.618)^{n-1}$的区间内，如果要求它小于δ，不难算出

$$n > 4.8 \log \frac{1}{\delta}.$$

也就是说n的数量级变成为$\log \dfrac{1}{\delta}$．

对k个变数来说，均分法的数量级是$\left(\dfrac{1}{\delta}\right)^{k}$，上面讲过的由黄金分割法处理的多变数的方法需要实验次数的数量级是$\left(\log \dfrac{1}{\delta}\right)^{k}$．

我们有达到数量级 $k\log\dfrac{1}{\delta}$ 的方法.

实质上我们还有数量级为 $\left(\log\log\dfrac{1}{\delta}\right)^{k}$ 的方法. 而 k 在指数上不好, 我们又跃进了一步, 得出数量级为

$$\frac{k^{2}}{\log k}\log\log\delta$$

的方法.

但千万注意, 并不是理论上最精密的方法, 也在实际上最适用. 最重要的是根据具体对象, 采用简快适用的方法.

注意: 预先估计精度 δ, 并不是完全可靠的. 有时平坦些, 很大的间隔都不易分辨高低, 有时陡些, 很小间隔就有着差异, 也就是说, 我们所能处理的是 x 的分隔, 而实际上要辨别的是我们还不知道的 $y=f(x)$ 的大小. 因而, 这儿的估计只能作为参考而已. 以"分数法"而言, 其优点是在实验次数估计得一个不差时, 而恰巧是数列 F_{n} 中的一个数时, 可以比"黄金分割法"少做一次, 但如果合乎要求的数据提前来了, 也就不少做了. 如果不够而还要做下去, 就反而要多做一两次了.

统筹方法平话①

---

① 本文是作者在 1965 年 6 月 6 日《人民日报》发表的"统筹方法平话"一文的基础上，进一步修改而成的。（本篇各节是连续编码的，此为文中互引的需要，不做统一处理。——编者注）

前　言

　　统筹方法，是一种为生产建设服务的数学方法．它的实用范围极为广泛，在国防、工业的生产管理中和关系复杂的科研项目的组织与管理中，皆可应用．但是，这种方法，只有在社会主义制度下，才能更有效地发挥作用．毛主席指出："世间一切事物中，人是第一个可宝贵的．在共产党领导下，只要有了人，什么人间奇迹也可以造出来．"由于群众的主观能动性和创造性的发挥，顺利解决了当前工作中的问题，那么，今天的主要矛盾，明天将会变为次要矛盾．因此，我们必须根据实际情况不断修改我们的流线图，及时地抓住主要矛盾，合理地指挥生产．

　　"平话"是平常讲话的意思．由于这是一本普及性和推广性的小册子，因此，主要的概念讲了，许多具体细致处不可能讲得太多. 但是, 为了满足部分读者的要求, 在书中适当地补充了有关理论推导的章节. 一般读者对这一部分可以略过不读.

在这本小册子里, 讲的主要是有关时间方面的问题, 但在具体生产实践中, 还有其他方面的许多问题. 这种方法虽然不一定能直接解决所有问题, 但是, 我们利用这种方法来考虑问题, 也是不无裨益的.

这本册子虽小, 但在编写过程中, 由于很多同志的帮助, 特别是最近和一些有实际经验的同志共同学习, 发现了一些新东西, 进行修改补充, 易稿不下十次. 因此, 与其说这是个人所编写的, 还不如说这是大家的创造和发展, 由我来执笔的更确切些. 为此, 特向这些同志表示深深感谢.

由于我的水平限制, 在这本小册子中, 一定有不少欠妥之处, 请读者批评指正.

§1 引 子

想泡壶茶喝. 当时的情况是: 开水没有. 开水壶要洗, 茶壶茶杯要洗; 火已生了, 茶叶也有了, 怎么办?

办法甲：洗好开水壶，灌上凉水，放在火上，在等待水开的时候，洗茶壶、洗茶杯、拿茶叶，等水开了，泡茶喝。

办法乙：先做好一些准备工作，洗开水壶，洗壶杯，拿茶叶，一切就绪，灌水烧水，坐待水开了泡茶喝。

办法丙：洗净开水壶，灌上凉水，放在火上，坐待水开，开了之后急急忙忙找茶叶，洗壶杯，泡茶喝。

哪一种办法省时间，谁都能一眼看出第一种办法好，因为后二种办法都"窝了工"。

这是小事，但是引子，引出一项生产管理等方面有用的方法来。

开水壶不洗，不能烧开水，因而洗开水壶是烧开水的先决问题。没开水、没茶叶、不洗壶杯，我们不能泡茶。因而这些又是泡茶的先决问题。它们的相互关系，可以用图1-1的箭头图来表示。箭杆上的数字表示这一行动所需的时间，

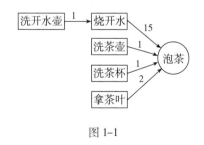

图 1-1

例如$\xrightarrow{15}$表示从把水放在炉上到水开的时间是15分钟.

从这个图上可以一眼看出,办法甲总共要16分钟(而办法乙、丙需要20分钟).如果要缩短工时、提高工作效率,主要抓的是烧开水这一环节,而不是拿茶叶这一环节.同时,洗壶杯、拿茶叶总共不过4分钟,大可利用"等水开"的时间来做.

是的,这好像是废话,卑之无甚高论.有如,走路要用两条腿走,吃饭要一口一口吃,这些道理谁都懂得,但稍有变化,临事而迷的情况,确也有之.在近代工业的错综复杂的工艺过程中,往往就不能像泡茶喝这么简单了.任务多了,几百几千,甚至有好几万个任务;关系多了,错综复杂,千头万绪,往往出现万事俱备,只欠东风的情况,由于一两个零件没完成,耽误了一架复杂机器的出厂时间.也往往出现:抓的不是关键,连夜三班,急急忙忙,完成这一环节之后,还得等待旁的部件才能装配.

洗茶壶,洗茶杯,拿茶叶,没有什么先后关系,而且同是一个人的活,因而可以合并成为

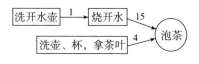

图 1-2

用数字表示任务，上面的图形可以写成

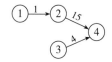

图 1-3

1—洗开水壶；2—烧开水；3—洗壶、杯，拿茶叶；4—泡茶

看来这是"小题大做"，但在工作环节太多的时候，这样做就非常有必要了．

这样一个数字代表一个任务的方法称为单代号法，每一个数字代表一个任务，写在箭尾上，箭杆上的数字代表完成这个任务所需要的时间．

另一个方法称为双代号法．我们把任务名称写在箭杆上，如图 1-4．箭头与箭尾衔接的地方称为节点（或接点），把节点编上号码．图 1-4 成为

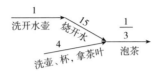

图 1-4

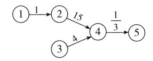

图 1-5

（1-2）—洗开水壶；（2-4）—烧开水；

（3-4）—洗壶、杯，拿茶叶；（4-5）—泡茶

单代号法与双代号法哪个好，实际上是各有优点．我们从双代号法开始讲，在讲的过程中穿插着讲单代号法．

一 肯定型

§2 工序流线图与主要矛盾线

一项工程(或一个规划)，总是包含多道工序的．如果已经有了现成的计划，我们可以依照这个计划和各工序间的衔接关系，用箭头来表示其先后次序，画出一个各项任务相互关系的箭头图，注上时间，算出并标明主要矛盾线．这个箭头图，我们称它为工序流线图．把它交给群众，使群众了解自己在整个工作中所处的地位，有利于互赶互帮，共同促进．把它交给领导，便于领导掌握重点，统筹安排，合理调整，提高工效．

好啦，现在有这样一项工作，一共有 17 道工序，我们把它画出箭头图(见图 1-6)，图上每个工序我们把它叫作一项任务．

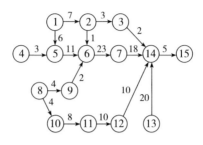

图 1-6

④→⑤→⑥表示任务（4-5）完成后，才能进行任务（5-6），又如任务（6-7）必须在（2-6）、（5-6）、（9-6）三项任务都完成的基础上才能进行.

④$\xrightarrow{3}$⑤表示自任务（4-5）的开工之日起到完成之日（亦即下一任务可以开工之日）止，共需 3 周. 任务（7-14）开工后 18 周才能把半成品送到任务（14-15），而最后任务（14-15）必须待任务（3-14）、（7-14）、（12-14）、（13-14）都完成之后，再用 5 周的时间才能交出成品.

图画好之后，进行以下的分析：算出每条线路的总周数. 例如线路

④$\xrightarrow{3}$⑤$\xrightarrow{11}$⑥$\xrightarrow{23}$⑦$\xrightarrow{18}$⑭$\xrightarrow{5}$⑮

共需 $3 + 11 + 23 + 18 + 5 = 60$ 周．把所有的线路都加以计算，其中需要周数最多的线称为**主要矛盾线**．这一工序流线图的**主要矛盾线**是：

$$①\xrightarrow{6}⑤\xrightarrow{11}⑥\xrightarrow{23}⑦\xrightarrow{18}⑭\xrightarrow{5}⑮$$

共 $6 + 11 + 23 + 18 + 5 = 63$ 周．

用红色(或粗线)把主要矛盾线标出来(同时如有必要也可以用其他颜色标出一些次主要矛盾线)．在工作进程中，主要矛盾线上延缓一周，最后完成的日期也必然延缓一周，提前完成也会使产品提前出厂．把这图交给群众，使群众一目了然，知道此时此地本工种所处的地位，有利于职工发挥主观能动性．经过若干时日，如果在主要矛盾线上进行得比预期迅速，或非主要矛盾环节有所延误，这时必须重新检查和修改流线图，并特别注意主要矛盾线是否已经转移．

这种图形的作用远不止此，还可以举出以下几方面好处．例如：

(1) 从图1–6可以看出，任务(4–5)可以比任务(1–5)缓开工3周而不影响进度，任务(13–14)更不必说可以缓开工38周，但不能再缓了(每一任务都可以算出最迟开工期限、最早开工期限及时差，为了简单起见这儿暂且不谈）.

（2）从图上看出可以从非主要矛盾线上抽调人员支援主要矛盾线，这样可以提高效率，即使抽去的人员工种不同，一个人只顶半个人用，有时也并不吃亏，但抽调后必须重新画图.

当然流线图还有不少其他的好处，这儿就不一一列举了.

我想在此也乘便提一下，主要矛盾线可能不止一条.一般讲来，安排得好的计划，往往出现有关零件同时完成，组成部件；有关部件同时完成，进行总体装配的情况.在这种情况下主要矛盾方面就不是用一条线表达了.愈是好的计划，红线愈多，多条红线还可以作为组织劳动竞赛的依据.

当然，终点也可能不止一个.例如，化学分析可以陆续地分析出若干种元素，获得每一种元素都可以作为终点.在这种情况下，我们可以将起始点至每一个终点所需要的时间进行比较，把需要时间最长的线路，定为主要矛盾线.但另一方面，也可以根据产品的主次，定出主要矛盾线来.换言之，即将起始点到主要产品的终点需要时间最长的线路，定为主要矛盾线.

§3 分细与合并

从图1-6看出任务(6-7)的完成需要23周,时间最长,这就启发我们考虑为了加快进度,可否把任务(6-7)重新组织一下,其方法之一是要细致地画一个⑥→⑦的工序流线图,标出主要矛盾线,研究缩短时间的可能性.例如,一个单向挖掘的隧道工程,我们采用两头开挖的方法,这样,一个任务变为两个任务,加快了进度(请读者设想一下,一个任务变为两个,箭头图怎样画).

为了容易看得清楚或计算方便起见,有时我们在图上也把一些任务合并考虑,如将图1-1合并为图1-2.

又如图1-6可以将②③合并、⑥⑦合并、⑩⑪⑫合并得图1-7.

并得多么粗,分得多么细,随客观需要与具体情况而定.具体负责的技术员、调度员为了便于掌握,应当把图画得更详尽些,更细致些,供领导和群众一般参考的可以画得粗.密如蛛网,望而却步的工序流线图,不但不易获得群众的支持,而且难使领导看出重点,做到心中有数.但不细致,又不能发现关键所在.因此,在主要矛盾线上,每一环

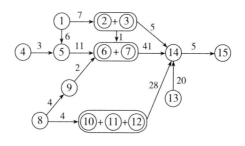

图 1–7

节都值得分细研究．这样可以找出缩短工时的可能性．

§4 零的运用

在数学史上，零的出现是一件大事，在统筹方法中引进"虚"任务，用"0"时间，也是应当注意的一个重要方法．

例一：把一台机器拆开，拆开后分为两部分修理．称为甲修、乙修，最后再装在一起．这样的图怎样画？共有四个任务：

拆 ⟶ 甲修 ⟶ 装
乙修

在"拆""装"之间有两个任务：

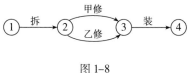

图 1-8

"②→③"将同时代表两个任务了，不好办．我们建议用 $\overset{0}{\longrightarrow}$ 表示"虚"任务，这样就可以克服这一困难，把图画成为

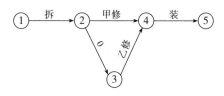

图 1-9

也可以对称地画成为

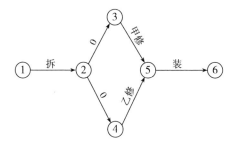

图 1-10

当然，为了区别起见，可以把一个任务硬分成两段：

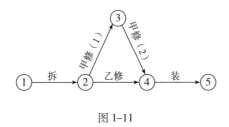

图 1-11

也可以画成为

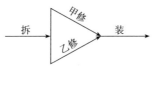

图 1-12

这一"不标箭头的竖线"的方法，在用"时间坐标"时合适．

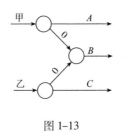

图 1-13

优选法与统筹法平话

以下的图形，更显示出用 $\xrightarrow{0}$ 的必要性：它表示工序 A、C，各必须在甲、乙完成的基础上进行，而工序 B 却需要在甲、乙两工序都完成的基础上进行.

在把一个任务拆成两个任务的时候(例如：决定一条水沟从两头开挖)，也要引进"0"箭头($\xrightarrow{0}$)．例如要把

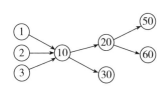

图 1–14

中任务⑩→⑳分拆为两个任务⑩→⑳、⑪→⑳时，也要使用 $\xrightarrow{0}$，即得下图：

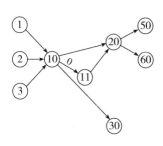

图 1–15(甲)

本质上，这一问题与前例完全相同，当然也可以用"折断法"、

"双—$\overset{0}{\longrightarrow}$法"，或"无箭头竖线法"．用无箭头竖线法的画法如

下图：

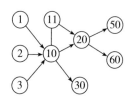

图 1-15(乙)

例二：在一个较复杂的工程施工中，我们把

四道工序(以下简称为挖、板、钢、浇)，各分为二交错作业

时，也要用—$\overset{0}{\longrightarrow}$，画成为

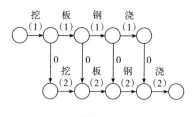

图 1-16

当然，也可以画成为

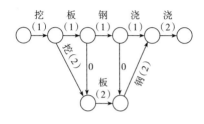

图 1–17

这是指在四种工作都只有一套人进行施工的情况下而言的．即挖地基（1）的人也就是挖地基（2）的人（如果人多了，当然也可以进行平行作业）．

读者试分析以下几种画法，并指出其缺点．

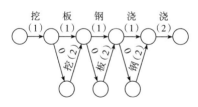

图 1–18

[“钢（1）”不必在“挖（2）”完成之后，其他类推]又

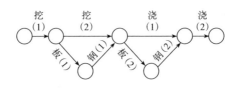

图 1–19

[“钢(1)”不必在板(2)之前，其他类推]

更进一步，读者可以分析一下，三段交叉的作业，做如下画法对不对？

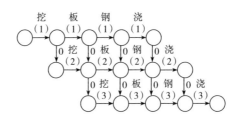

图 1–20

严格地讲，这样画是有问题的，因为 $\xrightarrow{\text{挖}(3)}$ 不必在 $\xrightarrow{\text{板}(1)}$ 之后；同样 $\xrightarrow{\text{钢}(1)}$ 和 $\xrightarrow{\text{浇}(1)}$ 也不一定分别在 $\xrightarrow{\text{板}(3)}$ 和 $\xrightarrow{\text{钢}(3)}$ 之前．正确的画法应当是：

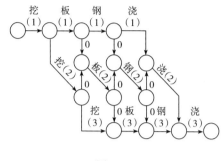

图 1-21

用一个零箭头"↑₀"断绝了由 $\overset{\text{板(1)}}{\longrightarrow}$ 转入 $\overset{\text{挖(3)}}{\longrightarrow}$ 的道路．用这样的画法，三段以上的交叉作业，就不再有其他的困难了．

也有人用"同工种人力转移线"（—·—·→）来处理这一问题．画成：

图 1-22

"—·—·→"仅表示前后两同工种工序间的衔接关系，

并不同时表达不同工种工序之间也有衔接关系. 例如: ③—
·—·→⑤仅表示由"板(1)"出发, 只准走向"板(2)", 而不
准走到非"板"的"挖(3)"上去. 同样, ⑦—·—·→⑨仅表
示"钢(3)"以"钢(2)"的完工为前提, 而并不依赖"浇(1)".
这方法的缺点, 在于多引进了一种符号"—·—·→"

例三: 有一项工程如下图

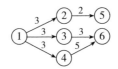

图 1-23

它不能代表: 一个任务做了两天后, 任务(3-6)开始, 做了三天
后, 任务(2-5)、(4-6)开始. 代表这个情况的图, 我们应当画成为

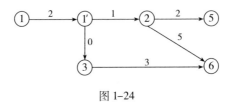

图 1-24

[其中图 1-23 中的任务(4-6)在图 1-24 中用(2-6)代替。]

实际上，这个任务是分成两段①$\xrightarrow{2}$①和①$\xrightarrow{1}$②进行的.

图 1-23 容易被误解为 (1-2)、(1-3)、(1-4) 是三个任务，因而把人力、工时、设备、原材料算重了.

有时我们还可以用一个"虚"开始点，把各个不同的开始点，联成为一个开始点. 如图 1-25，从起始点⓪可引出的四个任务 (0-1)、(0-4)、(0-8)、(0-13)，都是虚任务. 这样可以把任务 (13-14) 延缓开工的可能性都表达在图上了.

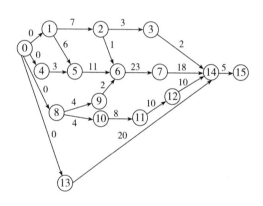

图 1-25

这儿特别指出一下："$\xrightarrow{0}$"的运用在单代号法中更为重要. 如果一个任务④完成后接着搞两个任务⑧和ⓒ. 与其画成为

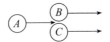

不如画成为

同时，请大家注意，"休息"(不是假期性质的)也必须画上，这是没有工作但有时间的箭头．例如，等待混凝土干燥．又如一些工人调往其他处工作．我们有时用虚线表示，如：

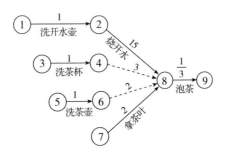

图 1-26

实际上的意义是洗完了茶杯后洗茶壶，然后再拿茶叶(不用虚线箭头也可)．

§5 编 号

在画图当中，箭杆的长短是不必注意的事，甚至于把箭杆画弯了也无关系（如果在图上加时间坐标，就另当别论，在此不拟多讲），箭杆有时也会交叉，为了清楚起见，可以画一"暗桥"．

原则上讲编号可以任意，并无关系，但为了计算方便起见，我们最好采取由"小"到"大"的原则顺序编号，箭尾的号比箭头的小．同时考虑到将一个任务分成几个任务的可能性，还应当留有余号，在上节的图1–8变为图1–9，我们就得重新编号；而图1–14因为留有余地，我们只要局部改动就得出图1–15了．

§6 算时差

在讲主要矛盾线的时候已经讲过，统筹方法可以找出主要矛盾线来，同时也可以看到非主要矛盾线上的项目是有潜力可挖的．潜力到底有多大？这将是本节所要说明的问题．

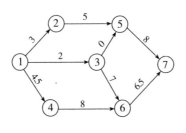

图 1-27

从这个较简单的箭头图(图 1-27)来看,它的主要矛盾线是:

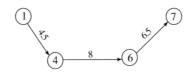

共需时间 4.5 + 8 + 6.5 = 19 周.

我们先算每一任务最早可能开工日期,用□表示之. 它的算法如下:从起始点到某一任务,可能有许多条路线,每条路线有一个时间和,这些时间和中,必有一个最大值,这个最大值就是该任务的最早可能开工日期. 例如由①到⑥有两条路线 2 + 7 = 9 周, 4.5 + 8 = 12.5 周. 因此⑥→⑦线下写

12.5 . 把话讲得更确切些:如果一切按计划进行,在 12.5

周内，任务⑥→⑦的开工条件是不具备的，而最早可能开工时间是 12.5 周完结的时候.

再算出各任务的最迟必须开工日期，用 △ 表示之. 也就是说如果这个任务在 △ 形内所标时间之后开工，就要影响整个生产进度了. 它的算法如下：从终止点逆箭头到某一任务，亦可能有许多条路线，这些路线的时间和中，也有一个最大值，由主要矛盾线上的时间总和减去这个最大值，再减去这一任务所需的时间，就是这一任务的最迟开工日期. 例如，从终止点到③共有两条路线，各需 8 + 0 = 8 周及 7 + 6.5 = 13.5 周，其中 13.5 周较大，而主要矛盾线时间总和是 19 周，因此在任务①→③线下写上 $\overline{3.5}$ (3.5 = 19−13.5−2).

把上面计算的结果都写在图上，就得图 1–28.

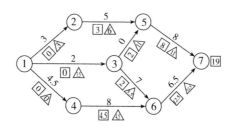

图 1–28

再赘一句, 对任务(3-6)来说: 由于它的上一任务还没完成, 它不可能在两周内开工. 但如果在 5.5 周后才开工, 就必然耽误整个进度. 在主要矛盾线上□△内的数目一定相等. □△内数值差额愈大的任务, 愈有可以支援其他任务的潜力.

反向图: 把图 1-27 的所有箭头都倒转过来, 得下图

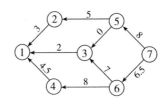

图 1-29

试算出反向图上各最早可能开工时间及最迟必须开工时间, 比较一下, 看看它们之间有什么关系. 不难看出顺向图的最早可能开工时间, 加上反向图的最迟必须开工时间, 再加上相应的工序时间等于 19 周; 同时顺向图的最迟必须开工时间, 加上反向图的最早可能开工时间, 再加上相应的工序时间也等于 19 周.

这是指领导没有给我们特别指示的情况下, 假设根据有关历史资料或对每项任务所需时间的经验估计, 所作出的

图．如果领导指示工程必须在 17 周内完成，我们对 △ 内的数字就不能这样填，就必须以 17 周为基数来进行反算．于是① →④、④→⑥、⑥→⑦处的时差都变为 −2．因此，我们必须采取措施，来满足这一要求．与此相反，如果领导要求是 20 周完成，则 △ 内的数字就依 20 周为基数，进行反算，于是时差都多了 1 周．遇见这样情况，我们就该机动地从节约角度来考虑问题，酌量地减少劳动力并使其均衡，或适当地减少设备．

注意 图 1–27 是作为练习提出的，试想一下，虚任务③ $\xrightarrow{\;0\;}$ ⑤的意义，也就是图 1–27 的逻辑关系是否等价于图1–30：

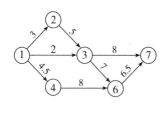

图 1–30

图 1–27 是双代号的，利用

（1–2）（1–3）（1–4）（2–3）（3–6）（4–6）（3–7）（6–7）（7–）
   A   B   C   D   F   G   H   I   J

可以把它变成为以下的单代号表示图:

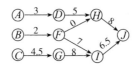

图 1–31

（图中Ⓐ、Ⓑ、Ⓒ三项任务同时开始进行）

§7 算 法

对简单的情况说来，线路是一目了然的．但任务多了，线路纷杂，哪些已经算过了，哪些还没有算过，这就出现了既麻烦，而又容易产生错误的情况．那么，怎样来避免错误，避免漏算呢？为此，一套计算表格就产生出来了（见表 1–1）．第一栏是工序编号，依第一字（箭尾号码）的顺序由小到大排列，如果第一字相同则依第二字（箭头号码）的顺序排列．其余几栏依次是，这一工序需要的时间 t_E、最早可能开工时间 T_E（也就是预计在这期间内不可能开工）、最迟必须开工时间 T_L（也就是按预计，在这期间内不开工将影响整个工程进度）及时差．

表 1-1

工序编号		本工序	开工时间		时差
箭尾号	箭头号	时间 t_E	最早 T_E	最迟 T_L	$T_L - T_E$
1	2	3			
1	3	2			
1	4	4.5			
2	5	5			
3	5	0			
3	6	7			
4	6	8			
5	7	8			
6	7	6.5			
7					

以 §6 图 1-27 为例,我们可以列出表 1-1 的计算表格.

表 1-1 的第三栏 T_E 可以从表上由上而下地计算. 工序(1-2)、(1-3)、(1-4)的 $T_E = 0$,工序(2-5)的 T_E 等于(1-2)的 T_E 加 t_E(0 + 3 = 3). 工序(3-5)及(3-6)的 T_E 等于(1-3)的 T_E 加 t_E(0 + 2 = 2). 工序(4-6)的 T_E 等于(1-4)的 T_E 加 t_E(0 + 4.5 = 4.5). 工序(5-7)的 T_E 等于(2-5)及(3-5)中的 T_E 加 t_E 的较大者(即 3 + 5 = 8,0 + 2 = 2 中的较大者 8). (6-7)的 T_E 等于(3-6)、(4-6)中的 T_E 加 t_E 的较大者(2 + 7 = 9,4.5 + 8 = 12.5,较大者为 12.5). 而 7 的 T_E 由(5-7)、(6-7)得来(19). 总的一句话,本工序的 T_E 等于紧前工序的 T_E 加 t_E,或紧前各工序的 T_E 加 t_E 中的较大者.

表 1-1 第四栏 T_L 的算法，是从下而上。工序(6-7)的 T_L (19)等于 7 的 T_L 减去(6-7)的 t_E(19-6.5 = 12.5)。同样(5-7)的 T_L 等于 7 的 T_L 减去(5-7)的 t_E(19-8 = 11)。(4-6)的 T_L 等于(6-7)的 T_L 减去(4-6)的 t_E(12.5-8 = 4.5)。(3-6)的 T_L 等于(5-7)T_L 减(3-5)的 t_E(11-0 = 11)。总的一句话，本工序的 T_L 等于紧后工序的 T_L 减去本工序 t_E，或紧后各工序 T_L 中的最小者减去本工序的 t_E。

将以上计算结果填入表内，再在第五栏填入相应的 T_L 减 T_E 的值，即得表 1-2。

表 1-2

| 工序编号 | | 本工序 时间 t_E | 开工时间 | | 时差 $T_L - T_E$ |
箭尾号	箭头号		最早 T_E	最迟 T_L	
1	2	3.0	0	3.0	3.0
1	3	2.0	0	3.5	3.5
1	4	4.5	0	0	0
2	5	5.0	3.0	6.0	3.0
3	5	0	2.0	11.0	9.0
3	6	7.0	2.0	5.5	3.5
4	6	8.0	4.5	4.5	0
5	7	8.0	8.0	11.0	3.0
6	7	6.5	12.5	12.5	0
7			19.0	19.0	0

在图上将时差为"0"的各工序，用红线(或粗线)连起来，

即为主要矛盾线. 对熟练的人来说，不必用表格计算，只要逐步比较，就可以很快地找出主要矛盾线来.

例如：在图1-27中，首先将①→④→⑥与①→③→⑥比较，①→④→⑥的时间长，就可把①→③→⑥甩掉，再比①→③→⑤与①→②→⑤，可甩掉①→③→⑤，这样，只剩下两条线①→④→⑥→⑦、①→②→⑤→⑦，两者比较，立刻可以找出①→④→⑥→⑦为主要矛盾线.

例题：试用对比法找出下图的主要矛盾线.

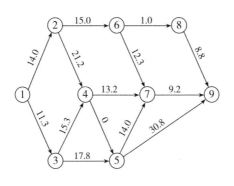

图 1-32

先比⑥→⑧→⑨、⑥→⑦→⑨，甩掉前者，再甩②→⑥→⑦，再甩④→⑦、⑤→⑦→⑨，再甩③→④，最后甩①→③→⑤，因此，得出主要矛盾线①→②→④→⑤-⑨.

§8 原材料、人力、设备与投资

在做出流线图并定出主要矛盾线之后，就必须根据各项任务所需要的原材料、人力、设备与资金做出日程上的安排．例如：任务(4-6)所需要的原材料必须在第4.5周送到，各种人员也必须及时到达工作岗位．委托其他单位代加工的半成品，在订合同时也必须以此为根据．如果知道不能按时交货，应当修改流线图．

以人力为例，首先做出表格，然后计算出什么时候，所需某种技工的人数．例如第一周任务(1-2)需要甲种工二人，乙种工五人；任务(1-3)需要甲种工一人；任务(1-4)需要甲种工三人，乙种工二人．在第一周总共需要甲种工六人，乙种工七人．用以下的表格来表明甲种工的需要情况．

表1-3中网线表明主要矛盾线上的情况，(3-6)的一块，表明从第三周到第九周，每周需要三个甲种工，而总数表示第一周需六个，第二周需六个，……而第五周上半周要八个，下半周要九个．

从这个图上也可以看出一些问题：首先，所需总人数是否超出可能性，如果超出，我们必须事先调整，或采取其他

甲种工人配备表　　表1-3

人＼周	1	2	3	4	5	6	7	8	9	10	11	12	13	14	15	16	17	18	19
1																			
2		1-4					4-6									6-7			
3																			
4																			
5																			
6		1-2																	
7					2-5														
8																			
9								5-7											
10																			
11		1-3																	
12																			
13				3-6															
14																			
总计	6	6	8	8	8	9	9	9	9	9	6	6	6	6	7	7	7	5	5	5

措施；其次，能否安排得均匀些.

例如，在任务(2-5)完成后停工3周，而任务(3-6)从第4.5周开始减为两个甲种工，延长(3-6)的完成时间，这样整个任务就有可能在8个甲种工的条件下进行了.

请读者试用这样的改动，做出一个箭头图来，看看七个甲种工能不能如期完成任务？

对于多种产品生产(即多个目标)问题，这种安排就更为重要了. 处理的方法是：对每一个目标做一个流线图(也可以将若干个目标表示在一个流线图上)，对每一个流线图列出各种人员的需要表，把各表上的某种人员总计数加起来，这样就可以看出在现有的人力范围内是否能够完成。如果超出限度，我们就要研究如何错开，如何延长，才能达到最经济最合理。说来简单，但多种产品的生产是很复杂的，必须根据实际情况才能摸索出较好的方法来。

以上所讲的是人力问题，实质上也可以用来处理设备问题，如果每个车床都有专人负责，则设备限制的问题就和人力限制的问题统一起来了。例如我们可以按刨床、车床、磨床、铣床列表处理。

关于原材料问题，由于有了流线图，可以把进料时间扣得更紧些。原材料过多过早的储存，不但积压资金，多占仓库面积，增加自然损耗等，而且最终必然导致影响社会主义建设扩大再生产的进度。有了统筹方法，就有可能扣得更紧些。有时，我们甘愿冒几分停工待料的风险，也比储料过多更上算，对整个经济的发展可能更有利些。

投资问题这儿就不多谈了。

更复杂的问题这儿也不多谈了。总的一句话，这是一个新兴的方法，一切还待创造、改进和完善，特别重要的是在社会主义建设的实践中，不断地做具体的修改与补充。

§9 横道图

根据上节的甲种工人配备表，可以画成以下的工程界所熟知的横道图(即 L. H. Gantt 图，又称条形图)，见图 1–33.

可以根据箭头图得出的合理方案，画出横道图来，但切不要从横道图出发来搞箭头图，因为横道图略去了箭头图上的若干特点，有如行政区域图上没有等高线，我们看不出地面的起伏来.

箭头图实质上交代了不少"横道图"为什么这样画的道理.

如果用箭杆的投影长度表周数，虚线表空余时间，则我们有时也可以把横道图的优点统一到箭头图中来. 图 1–34 就是按图 1–31 画成的. 由 F 到 I 的箭头投影长度是 10.5，但其中的实线部分是 7，表明需要实际工作时间为 7 周. 为了避免工序 F 与工序 C 使用的人力发生矛盾，可以把 F 的 3 ~ 4.5 周的一段画成虚线"‗‗‗‗‗‗"，把实线部分移后 2.5 格.

在不太复杂的工程中，把箭头图画在时间坐标上是有好处的，实践中已经出现了不少例子. 把各主要工种所需要的人数(以及设备、原材料、资金)都按日地排在一个表上，这

工程名称	人数	周
		1 2 3 4 5 6 7 8 9 10 11 12 13 14 15 16 17 18 19
1-4	3	
4-6	4	
6-7	5	
1-2	2	
2-5	2	
5-7	2	
1-3	1	
3-6	3	

图 1-33

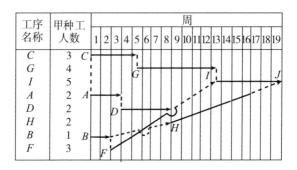

图 1-34

样更易于综观全貌.

§10 练习题

1. 利用下表的资料画出箭头图来：

表 1–4

任　务	紧　前	紧　后
A	无	B, C, G
B	A	D, E
C	A	H
D	B	H
E	B	F, I
F	E	J
G	A	J
H	D, C	J
I	E	K
J	F, G, H	K
K	I, J	无

任务 A 表示 $\overset{A}{\longrightarrow}$，在○内填上号码. 读者思考一下，如果仅知道"紧前"（或"紧后"）一栏是否已足够画出图来？合适的安排是使箭杆不出现交点.

这是双代号法的图形，再试做出单代号法的图形.

2. 利用表 1–5 资料画出箭头图来：

画出的箭杆可能相交，试回答，能否画出 一个箭杆不相交的箭头图来？

3. 算出图 1-6 的时差.

表 1-5

任 务	紧 后	
U	$A,\ B,\ C$	
A	$L,\ P$	
B	$M,\ Q$	
C	$N,\ R$	
L	S	
M	S	
N	S	
P	T	
Q	T	
R	T	
S	V	
T	V	

附记

1. 如果一个计划是由若干分计划所合成的, 而分计划与分计划之间的公共点不多, 可以分别制订计划, 然后再合并一起, 统一安排.

2. 不要把箭头图看得太简单了, 实际的困难在于找到各工序之间的正确关系(如混凝土的浇灌, 必须在建立模板之后). 但也有不少不太确切的工序名称, 因而在做箭头图前,必须先从群众中来。让大家说明他们所担负的各任务与其他任务的关系，并提出意见和建议。图做好后，还必须到群众中去，由群众审查是否有漏列情况。

3. 在这儿，我们写下练习题 1 的解，供参考。

双代号的图形是

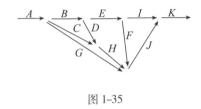

图 1-35

单代号的图形是

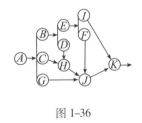

图 1-36

二 非肯定型

§11　化非肯定型为肯定型

在计划中每个环节能够确切地如期完成的情况，毕竟是少数。由于一些预见不到的因素，或多或少的时间变化，因而一般讲来，非肯定型的问题是常见的。为了读者容易理解，我们先介绍了肯定型的问题，这不仅是因为肯定型也有用，而更主要的是因为它是进一步处理非肯定型的基础。

每一任务的完成时间拿不稳，怎么办？是否我们的方法就无能为力了？不，这正是我们的方法的好处所在。我们能够从千上万个不太肯定的环节中，找出最终完成的可能性来。

与其向负责某一项具体任务的单位，要一个靠不住的"确切"的完成任务所需要的时间，还不如请他对完成这一任务提出三个时间，即：一个最乐观的估计时间，一个最保守的估计时间和一个最大可能完成的估计时间．例如，任务(4−6)在一切条件顺利时，需要 6 周完成；在最困难的情况下 14 周可以完成．据估计看来最可能 7 周完成．我们用

$$\textcircled{4} \xrightarrow[8]{6\text{-}7\text{-}14} \textcircled{6}$$

来表示，箭杆下的数值表示"平均"周数．这个数值的算法是：

$$\frac{1}{6}(6 + 4 \times 7 + 14) = 8$$

一般的计算公式是，最乐观的估计加上最保守的估计，再加上最可能的估计的 4 倍，然后除以 6．就这样把一个非肯定型的问题转化为肯定型的问题来处理．例如图 2−1．

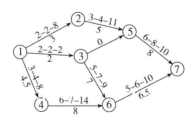

图 2−1

这样把不肯定型化成为肯定型之后，就是§6中处理过的问题．在§6中算出来的总完成日期是 19 周．

也许读者会说：一个裁缝一把尺，估计任务(6–7)的和估计任务(3–6)的水平不一定相同．但这是关系不大的，众人估计，算在一起，实际上就还是一个估计，用概率的观点来衡量估计，偏差不可免，但趋向总是有明显的参考价值的．当然，这并不排斥每个估计都尽力做到可能精确的程度．

请注意，用估算得出来的完成日期(19 周)，仅是一个可能的完成日期，确切地说，在这个日期前完成全部工作的可能性大约是 50%，用些统计工具可以获得在多少周到多少周之间完成的可能性在 95% 以上，等等．

§12　平均值与方差

以上所讲的是求平均数的一种方法，我们并不排斥其他方法，或估计方法．但最好还是在工作中全部地对比式地记录下来，作为科学实验的数据．就这样不断对比，不断提高来改进设计计划水平．特别对有较多经验的工序，例如已做了十几次，各有数据，那我们就不妨取这些数据的平均数．

我们现在重复叙述一下，上节所用到的求"平均数"法．

如果估出最乐观是 a 周（或记为 t_0），最保守是 b 周（或记为 t_p）. 最可能是 c 周（或记为 t_m），我们取

$$\frac{a+4c+b}{6}$$

作为平均数，并且以

$$\left(\frac{b-a}{6}\right)^2$$

作为方差（为什么这样做，以后再讨论）.

例如：沿主要矛盾线（1-4），（4-6），（6-7）的平均数及方差各为：

表 2-1

任 务	（1-4）	（4-6）	（6-7）	总 和
平均数	4.5	8	6.5	19
方 差	$\left(\dfrac{8-3}{6}\right)^2$ $=\left(\dfrac{5}{6}\right)^2$	$\left(\dfrac{14-6}{6}\right)^2$ $=\left(\dfrac{8}{6}\right)^2$	$\left(\dfrac{10-5}{6}\right)^2$ $=\left(\dfrac{5}{6}\right)^2$	$\dfrac{114}{36}$

我们说主要矛盾线上各工序完成的总日数的平均数是 $M=19$ 周，而总方差是 $\dfrac{114}{36}$. $\dfrac{114}{36}$ 的平方根：$\sigma=\sqrt{\dfrac{114}{36}}=1.8$，这是总完成日数的标准差. 假定总完成日数是一个以 M 为均值、σ 为标准差的正态分布，则可以由之而估出在某一期限之前完成的可能性，例如在

$$M + 2\sigma = 19 + 2 \times 1.8 = 22.6 \text{ 周}$$

前完成的可能性是 98% ，在

$$M + \sigma = 19 + 1.8 = 20.8 \text{ 周}$$

前完成的可能性是 84%．

现在又添了不少"为什么"．例如：为什么总完成日期是一个正态分布？为什么在 $M + 2\sigma$ 之前完成的可能性是 98%？等等．这些问题的回答，必须要用些概率论的知识，而在国外有些文献中，似乎用得不妥．我们在后面将指出其不妥处，并且希望数学工作者能够进行些理论的探讨．

我现在先暂且不讨论为什么，而在 §13～15 中将叙述怎样来计算的方法，学会了之后就先用．§16～19 可以暂且不看．

§13　可能性表

在 $M + \lambda\sigma$ 之前完成的可能性以 $p(\lambda)$ 表之，则有以下的表(正态分布)．

在上节例中的百分比，就是这样查表查出来的．

如果问 20 周(或 26 周前)完成的可能性，可以从

$$M + \lambda\sigma = 20$$

即

$$19 + 1.8\lambda = 20$$

中算出
$$\lambda = \frac{1}{1.8} = 0.56$$

查表可知有70%的把握(准一位小数).

我们在讲些"所以然"之前,先算一个例子,对急用先学,边学边用的同志来说,从这个例子学会了应用,最为重要.后面看不懂的部分将来再说.

表2-2

λ	$p(\lambda)$	λ	$p(\lambda)$
-0.0	0.50	0.0	0.50
-0.1	0.46	0.1	0.54
-0.2	0.42	0.2	0.58
-0.3	0.38	0.3	0.62
-0.4	0.34	0.4	0.66
-0.5	0.31	0.5	0.69
-0.6	0.27	0.6	0.73
-0.7	0.24	0.7	0.76
-0.8	0.21	0.8	0.79
-0.9	0.18	0.9	0.82
-1.0	0.16	1.0	0.84
-1.1	0.14	1.1	0.86
-1.2	0.12	1.2	0.88
-1.3	0.10	1.3	0.90
-1.4	0.08	1.4	0.92
-1.5	0.07	1.5	0.93
-1.6	0.05	1.6	0.95
-1.7	0.04	1.7	0.96
-1.8	0.04	1.8	0.96
-1.9	0.03	1.9	0.97
-2.0	0.02	2.0	0.98
-2.1	0.02	2.1	0.98
-2.2	0.01	2.2	0.99

続表

λ	$p(\lambda)$	λ	$p(\lambda)$
−2.3	0.01	2.3	0.99
−2.4	0.01	2.4	0.99
−2.5	0.01	2.5	0.99

§14　例　子

问题：我们有一计划，其中各任务间的关系和数据如图 2-2，问 90 周内完成的可能性有多少？

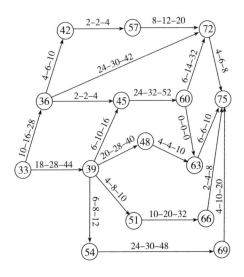

图 2-2

解答：

第一步算出最早可能、最迟必须完成时间与时差．我们用以下的手算工作表进行．首先将任务依第一字的顺序由小到大排列，如果第一字相同则依第二字的顺序由小到大排列，然后写下最短、最可能、最长三个估计的时间，写好后如表2-3．

先用

$$t_E = \frac{t_0 + 4\, t_m + t_p}{6}$$

来算出平均时间，填入第五栏，这样就变为肯定型的情况了．

第二步用处理肯定型的办法算出最早可能完成时间 T_E．

第三步现在已经有了预先给定的完成时间90周，因而是从90周中减起算出 T_L 的数值来（与肯定型稍有不同）．

第四步还是由 $T_L - T_E$ 求时差，但注意时差可能出现负数了（这就是为什么不称为"富裕时间"的道理）．最小负数的箭杆形成主要矛盾线，经过这样算得出的结果见表2-4．

手算工作表　　表2-3

工序编号		时间				开工时间		时差 $T_L - T_E$
箭尾号	箭头号	最短 t_0	最可能 t_m	最长 t_p	平均 t_E	最早 T_E	最迟 T_L	
33	36	10	16	28				
33	39	18	28	44				
36	42	4	6	10				
36	45	2	2	4				
36	72	24	30	42				
39	45	6	10	16				
39	48	20	28	40				
39	51	4	8	10				
39	54	6	8	12				
42	57	2	2	4				
45	60	24	32	52				
48	63	4	4	10				
51	66	10	20	32				
54	69	24	30	48				
57	72	8	12	20				
60	63	0	0	0				
60	72	6	14	32				
63	75	6	6	10				
66	75	2	4	8				
69	75	4	10	20				
72	75	4	6	8				
75								

工序编号		时间				开工时间		时差
箭尾号	箭头号	最短 t_0	最可能 t_m	最长 t_p	平均 t_E	最早 T_E	最迟 T_L	$T_L - T_E$
33	36	10	16	28	17.0	0	15.0	15.0
33	39	18	28	44	29.0	0	-5.0	-5.0
36	42	4	6	10	6.3	17.0	62.7	45.7
36	45	2	2	4	2.3	17.0	32.0	15.0
36	72	24	30	42	31.0	17.0	53.0	36.0
39	45	6	10	16	10.3	29.0	24.0	-5.0
39	48	20	28	40	28.7	29.0	49.6	20.6
39	51	4	8	10	7.7	29.0	57.7	28.7
39	54	6	8	12	8.3	29.0	39.0	10.0
42	57	2	2	4	2.3	23.3	69.0	45.7
45	60	24	32	52	34.0	39.3	34.3	-5.0
48	63	4	4	10	5.0	57.7	78.3	20.6
51	66	10	20	32	20.3	36.7	65.4	28.7
54	69	24	30	48	32.0	37.3	47.3	10.0
57	72	8	12	20	12.7	25.6	71.3	45.7
60	63	0	0	0	0	73.3	83.3	10.0
60	72	6	14	32	15.7	73.3	68.3	-5.0
63	75	6	6	10	6.7	73.3	83.3	10.0
66	75	2	4	8	4.3	57.0	85.7	28.7
69	75	4	10	20	10.7	69.3	79.3	10.0
72	75	4	6	8	6.0	89.0	84.0	-5.0
75						95.0	90.0	-5.0

附注：有时用手算工作表，并不比图上算来得快些．

由此可见主要矛盾线是:

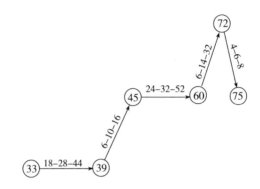

再用表 2-5 算出主要矛盾线上的方差.

表 2-5

工序编号		t_0	t_p	$t_p - t_0$	$(t_p - t_0)^2$
箭尾号	箭头号				
33	39	18	44	26	676
39	45	6	16	10	100
45	60	24	52	28	784
60	72	6	32	26	676
72	75	4	8	4	16
总　计					2252

因此标准差

$$\sigma = \sqrt{\frac{2252}{36}} \approx \sqrt{62.5556} \approx 7.91$$

总的平均周数已经在表 2-4 中算出等于 95.

因此求 $\qquad 95 + 7.91\lambda = 90$

即得 $\qquad \lambda = \frac{-5}{7.91} \approx -0.63$

查 §13 的表 2-2 得出可能性是 26%.

总括一句：这个工程 90 周内完工的可能性只有 26%，四次里面可能有一次成功，三次失败.

放长期限到 100 周，由

$$95 + 7.91\lambda = 100$$

解出 $\qquad \lambda = \frac{5}{7.91} \approx 0.63$

查表 2-2 得出可能性为 74%，成功的可能性四次里面可能有三次了.

附记

用肯定型的办法来画主要矛盾线对吗？我们暂且如此用，在 §16 有更好的办法来处理这个问题，在那里我们考虑了潜在发展的可能性.

我们想指出，对每一任务都用最保守的估计，因而可以算出整个工程最保守的估计，这样可以心中有底，知道在某一日期前定能完成．同样我们都用最乐观的估计，也可以算出整个工程的最乐观估计，这样可以知道完成任务所需的最短时间．如果这两种方法所得出来的主要矛盾线是同一的，那就不一定要用概率方法来决定主要矛盾线了．

§15 练习题

1. 纠正图 2-3 上至少存在的六个错误．

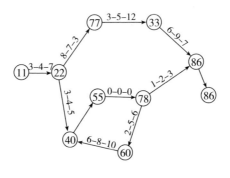

图 2-3

2. 用手算工作表处理图 2–4 并算出主要矛盾线.

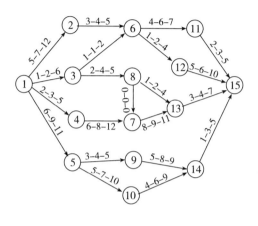

图 2–4

3. 计算图 2–5 的主要矛盾线.

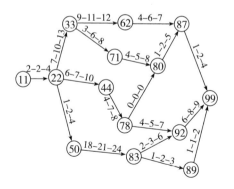

图 2–5

4. 把习题 2、3 化成单代号的形式.

§16　非肯定型的主要矛盾线的画法对吗?①

我们化非肯定型为肯定型,因而画出了主要矛盾线,这样的方法对不对? 值得重新考虑. 是否非肯定型应当有从它本身特点考虑出来的主要矛盾线,现在就来讨论这个问题.

说得确切些,化为肯定型而算主要矛盾线的方法,可以描绘成为:在以 1/2 的可能性来完成整个计划的条件下,来定主要矛盾线. 因而确切的提法似乎应当是:给了一个预计完成日期,在所有的线路中,依预计日期完成的可能性最小的才是主要矛盾线.

算法是:对各条路线都用 §15 的方法算出在预定时间之前完成的可能性,把可能性最小的及非常接近于最小的线路定为主要矛盾线.

第 i 条路线的平均时间是 M_i,标准差 σ_i,给定日期是 Q,则由

──────────

① 　§16 ~ 19 是研究讨论性质的,用了一些较难懂的数学,有困难的读者可以跳过去.

$$Q = M_i + \lambda\,\sigma_i \qquad \lambda = \frac{Q - M_i}{\sigma_i}$$

而这条路线在 Q 周前完成的可能性是

$$p\left(\frac{Q - M_i}{\sigma_i}\right)$$

数值最小的所对应的路线作为主要矛盾线.

由于 $p(\lambda)$ 是 λ 的增函数, 因此只要在

$$\frac{Q - M_i}{\sigma_i}$$

中找出数值最小的就够了.

在实际计算中不必要算出所有的 $\frac{Q - M_i}{\sigma_i}$ 来, 只要考虑那些 M_i 比较大的, 再考虑 σ_i 中比较大的就够了. 因为全部算出, 往往不胜其烦, 且作用不大.

§17 为什么这样定平均数?

为什么用公式

$$M = \frac{a + 4c + b}{6}$$

来代表平均数? 为什么用

$$V = \left(\frac{b-a}{6}\right)^2$$

来表示方差. 美国的一些专家说, 这样算还是符合实际的, 但怎样解释呢? 当然, 只能加以解释, 而不能像普通数学上那样"证明". 先讲我们的解释, 再介绍美国所流行的一种解释, 他们的解释既要用到高深数学, 又似乎得不出需要的结论来.

a 是最乐观的估计, c 是最可能的估计, 我们用加权平均, 在 (a, c) 之间的平均值是

$$\frac{a+2c}{3}$$

假定 c 的可能性两倍于 a 的可能性. 同样在 (c, b) 之间的平均值, 是

$$\frac{2c+b}{3}$$

因此完成日期的分布可以用

$$\frac{a+2c}{3}, \quad \frac{2c+b}{3}$$

各以 $\frac{1}{2}$ 可能性出现的分布来代表它(渐近). 如果这是对的, 这两点的平均数是

$$\frac{1}{2}\left(\frac{a+2c}{3} + \frac{2c+b}{3}\right) = \frac{a+4c+b}{6}$$

而方差是

$$\frac{1}{2}\left[\left(\frac{a+4c+b}{6}-\frac{a+2c}{3}\right)^2+\left(\frac{a+4c+b}{6}-\frac{2c+b}{3}\right)^2\right]$$

$$=\left(\frac{b-a}{6}\right)^2$$

再看美国一些 PERT①(这是美国对非肯定型方法所叫的名称)工作者的说法，他们说完成时间的分布是依所谓 β 分布的规律的，假定方差是 $\frac{1}{36}(b-a)^2$，则均值的渐近值就等于 $\frac{1}{6}(a+4c+b)$．为什么方差是 $\frac{1}{36}(b-a)^2$ 没有交代，即使如此，也不能用 β 分布推得以上的结论来．当然另一个可能性是我没有看懂．但我把他们的论点交代如下：

为了简单起见，我们用 $a=0$，$b=1$，β 分布的定义是

$$\beta(x)=x^p(1-x)^q/B(p+1,\ q+1)$$

这儿 $$B(m,\ n)=\frac{\varGamma(n)\varGamma(m)}{\varGamma(m+n)}$$

把这些条件用上：

（1）在 $x=c$ 处取极大值，即

──────────────

① "Program Evaluation Review Technique" 的缩写，即 "计划评审法"。──编者注

$$\left. \frac{d\beta(x)}{dx} \right|_{x=c} = 0$$

由此推出 $\quad px^{p-1}(1-x)^q - qx^p(1-x)^{q-1} = 0$

即 $\quad\quad p(1-x) - qx = 0 \quad\quad x = \dfrac{p}{p+q}$

即得 $\quad\quad\quad\quad c = \dfrac{p}{p+q}$

（2）均值的近似值等于

$$\frac{4c+1}{6}$$

均值等于

$$\mu = \int_0^1 x\beta(x)\,dx = \int_0^1 x^{p+1}(1+x)^q\,dx / B(p+1,q+1)$$

$$= \frac{B(p+2,q+1)}{B(p+1,q+1)} = \frac{p+1}{p+q+2}$$

即 $\quad\quad\quad\quad \dfrac{p+1}{p+q+2} = \dfrac{1+4c}{6}$

（3）方差 $= \dfrac{1}{6^2}$

$$方差 = \int_0^1 (x-\mu)^2 \beta(x)\,dx$$

$$= \int_0^1 x^2 \beta(x)\,dx - 2\mu \int_0^1 x\beta(x)\,dx + \mu^2$$

$$= \int_0^1 x^2 \beta(x) \, dx - \mu^2$$

$$= \frac{\int_0^1 x^{p+2} (1-x)^q dx}{B(p+1, q+1)} - \mu^2$$

$$= \frac{B(p+3, q+1)}{B(p+1, q+1)} - \left(\frac{p+1}{p+q+2}\right)^2$$

$$= \frac{(p+2)(p+1)}{(p+q+3)(p+q+2)} - \left(\frac{p+1}{p+q+2}\right)^2$$

$$= \frac{(p+1)(q+1)}{(p+q+2)^2(p+q+3)}$$

算到这儿问题可以改述为：假定

$$\frac{(p+1)(q+1)}{(p+q+2)^2(p+q+3)} = \frac{1}{6^2} \tag{1}$$

则由 $c = \dfrac{p}{p+q}$ 可以推得

$$\mu = \frac{p+1}{p+q+2} \doteq \frac{1+4c}{6}$$

从 $$c = \frac{p}{p+q} \quad \mu = \frac{p+1}{p+q+2}$$

解得 $$p = \frac{c(1-2\mu)}{\mu-c} \quad q = \frac{(1-c)(1-2\mu)}{\mu-c}$$

$$p+1 = \frac{1-2c}{\mu-c}\mu \quad q+1 = \frac{1-2c}{\mu-c}(1-\mu)$$

代入(1)式
$$\frac{\dfrac{1-2c}{\mu-c}\mu\dfrac{1-2c}{\mu-c}(1-\mu)}{\left(\dfrac{1-2c}{\mu-c}\right)^2\left(\dfrac{1-2c}{\mu-c}+1\right)}=\frac{1}{6^2}$$

即
$$6^2\mu(1-\mu)(\mu-c)=1+\mu-3c \qquad (2)$$

怎样从这个式子推出

$$\mu=\frac{1}{6}(1+4c)$$

是一个疑问.

用了高深数学并没有回答原来的问题.

附记

对一个任务如果经验多了,通过资料知道它们以往是

$$a_1, a_2, \cdots, a_n,$$

周完成的,则我们可以用

$$\bar{a}=\frac{a_1+a_2+\cdots+a_n}{n}$$

来表均值,用

$$V=\frac{1}{n}\sum_{i=1}^{n}(\bar{a}-a_i)^2$$

表方差.

§18 整个完成期限适合正态分布律

为什么最后完成期限是一个服从以

$$M = \sum_{i=1}^{s} \frac{a_i + 4\,c_i + b_i}{6}$$

为均值，以

$$\sigma = \sqrt{\sum_{i=1}^{s} \left(\frac{b_i - a_i}{6}\right)^2}$$

为标准差的正态分布随机变量，用到了概率论中有名的中心极限定律，对不对？当 s 充分大时，这可能是一个较好的渐近估计，细分析一下在实际上用

$$\frac{a_i + 4\,c_i + b_i}{6}, \quad \left(\frac{b_i - a_i}{6}\right)^2,$$

各为均值与方差的时候，我们已经用了下面的分布来替代了原来的分布：

$$\alpha_i = \frac{a_i + 2\,c_i}{3}, \quad \beta_i = \frac{2\,c_i + b_i}{3}$$

各有 $\frac{1}{2}$ 可能性.

如果 s 不太大，可以用以下的方法来处理，即

$$\prod_{i=1}^{s} \left(\frac{x^{\alpha_i} + x^{\beta_i}}{2}\right)$$

中 x 的指数 $\leqslant Q$ 诸系数之和等于在 Q 周前完成的可能性.

当 s 大时，这个方法很难直接计算，是其缺点.

如果不管 $\left(\dfrac{b_i - a_i}{6}\right)^2$，而直接从 $\dfrac{1}{6}(a_i + 4 c_i + b_i)$ 联想由

$$\prod_{i=1}^{s}\left(\frac{x^{a_i} + 4 x^{c_i} + x^{b_i}}{6}\right)$$

求其中 x 的指数 $\leqslant Q$ 的诸系数之和那就更直接些，但计算起来也就更麻烦了.

§19 时差也要用概率处理

现在所算出的最早可能完成时间 T_E，实际上是在 T_E 前有 $\dfrac{1}{2}$ 可能性完成. 最迟必须完成时间 T_L，实际上也是，如果到 T_L 仍完不成而推迟任务的可能性是 $\dfrac{1}{2}$，因此也应当用概率处理才对.

但为了简单起见，我们这儿不多谈了. 我们所算出的时差大小，只是用来作为调整的参考资料而已(同时每个环节都要这样算，计算量也太大了).

附带说明一句，非肯定型比肯定型的计算复杂得多，因

此尽可能避免用非肯定型. 例如: 如果数据都是大致对称的,
也就是 c 是 a、b 的均值 $\frac{1}{2}(a+b)$ 时, 在这种情况下可以作为
肯定型来计算. 但要注意结论是平均完成日期.

§20 计 划

也许有人认为统筹方法仅仅着重于时间, 而忽视了其
他. 实质上也不尽然. 因为每道工序所需的时间是由其他
因素决定的. 而我们是在这样的基础上来画箭头图的.

计划的制订, 应当根据领导的要求来进行. 例如: 领导
要求保证质量尽快做成, 没有人力物力的限制. 又如: 要求
达到最高工效. 又如: 在现有设备和交货日期的限制下制订,
等等. 为了简单起见, 我们现在讲一个在时间最短的条件下
用人最少的安排方法.

先画出箭头图, 再调查每一工序最短可能完成时间, 依
这些时间画图, 找出主要矛盾线来. 然后在按照主要矛盾线
所要求的时间按时完成本工程的条件下, 把非主要矛盾线上
的人数(或设备)尽可能减少或降低高峰用人. 这样就达到在
工期最短的条件下, 用人最少的目标了.

说得抽象些，计划问题是如下的数学形式：

一项任务需要 100 人周完成，并不是说 700 人可以一天做成．也不是说一个人 700 天做完，往往是人少做不成，人多窝了工．所谓 100 个人周的意思是：在人数恰当的时候，确乎是人数与时间成反比例．

例如 ⓘ→ⓙ 工序的人数 x_{ij} 适合于

$$g_{ij} \leqslant x_{ij} \leqslant h_{ij} \qquad (1)$$

也就是说，当人数少于 g_{ij}，每人工效显著下降．当人数多于 h_{ij}，将出现较严重的窝工现象．ⓘ→ⓙ 需要的工作量是 a_{ij}．沿每条线算出

$$\frac{a_{ij}}{x_{ij}}$$

的和，写成为

$$t_k = \sum_{(k)} \frac{a_{ij}}{x_{ij}}$$

是沿第 k 条路线所需要的时间，而整个工程完成的时间等于所有的 t_k 中的最大者．即

$$T = \max_{(k)} t_k$$

条件不止 (1) 一个，还可能有各种各样的条件，例如某工种的人数限制，某项设备的限制，原材料到达日期的限制等，

计划问题在于在这些限制下，我们求 T 的最小值，称为最优解.

注意：这样的数学问题一般是不容易求出最优值的. 首先，有时这样的问题比一般所知道的规划论上的问题还难，一下子找不到有效解. 其次，计算量太大，不好办. 如果已经有一个设计方案，可以尽可能地改进，下次再安排计划时，便可以在这个基础上进一步加工了.

还必须再赘上一句，定下 T 的数值之后，工作并未结束，在非主要矛盾线的环节上还应当检查：在不影响整个进度的条件下，用人能不能再少，设备能不能再少.

总之，向主要矛盾环节要时间，向非主要矛盾环节要节约.

此外，值得在此一提的是：在制订计划的时候，为了保证产品质量，必须添上一些检查原材料(或半成品)质量的箭头，把不合格的剔除，以便提高整个产品的合格率.

§21 施 工

在计划定好后，我们有了箭头图，但这个箭头图并不是一成不变的. 为了适应形势的进展，范围小的可以由专人掌握，随时了解情况，及时调整，指导生产；而范围大的必须建立一套报表制度，随时掌握情况．表格力求简单，除印好的部分外，只填几个数字就行了．例如，印好的部分如下：

崆峒山			甲						乙		
			开工日期			估计完成日期			重估时间		
箭尾号码	箭头号码	工程性质	月	日	年	月	日	年	最短	最可能	最长
536	748	隧道工程									
(1)已经开工或已经有开工日期的请填甲栏．											
(2)如还没有确切的开工日期的请填乙栏．如估计无变化，则 填不变二字，如有变化请填上重估时间．											
(3)切勿两栏同时填．											

这个表仅供参考之用，可以根据实际情况制定各种必要的表格，但原则是表中要填写的内容愈少愈好．

有了表格，可以做出规定，例如每月循环两次．要施工单位按期将报表送给"总调度"．总调度负责分析这些资料．把分析所得出的意见送给领导．例如某一环节进展得快了，必须通知下一任务的负责单位早日准备进入工地．又如哪一个环节没有按时完工，必须采取怎样的特殊措施．又如主要矛盾线有了变化，或次要矛盾有转化为主要矛盾的可能了，等等．然后将领导批准的意见下达，指挥生产．按固定的时间提出报表，按固定的时间进行分析，按固定的时间下达指令（指一般的情况，特殊情况可以随时下达），周而复始，一直到任务最后完成为止．

在"总调度室"备有显示箭头图的模板一块，根据反映的情况随时修改箭头图（但必须把修改的过程记录下来）．图上特别标出正在进行的工程及其进度．具体做法，必须发挥人的主观能动性，在实际工作中，依靠群众，自始至终地走群众路线，不断摸索，不断前进．

§22　总　结

每次修改箭头图的记录，也是进行总结的好材料．例如：由于某一外协工作（或外协件）没有及时完成，由于漏列了某一工序等等，都可由记录中获悉．反映最后实施的箭头图，也就是下次设计的好依据，或其他地区设计类似工程的良好参考．

各兄弟单位类似工程的最后实施图的对比，不仅可以找出整个工程的差距来（用数字表达的差距），而且可以一分为二地看问题，分析出在哪些工序上，我们组织得比较好些，而哪些比较差些，因而收到取长补短的效果．

（据中国工业出版社 1966 年 5 月版排印）

在中华人民共和国普及数学方法的若干个人体会①

① 这是华罗庚同志在第四届国际数学教育会议上的报告的修订稿，原文是英文（见 L. K. Hua and H. Tong, Some personal experiences in popularizing mathematical methods in the People's Republic of China, Int. J. Math. Educ. Sci. Technol；13：4, 1982, 371～386.）这次会议是 1980 年 8 月在旧金山召开的。

一　引　言

　　在第四届国际数学教育会议上，我能够作为四个主讲人之一，我个人感到光荣，这也是中国人民的光荣. 但另一方面，人贵有自知之明，我的数学是自学出来的，对于数学教育，实践不多. 近二十年来，我从事把数学方法交到工人和技术人员手里、为生产服务的工作，也是一面搞理论研究、一面教学、一面在实践中摸索着做的. 这是我第一次有机会向先进的数学教育工作者学习. 在数学教育方面，我仍然是个初学者、自学者，许多有关数学教育的名著都没有学习过. 在我的讲话中，如有缺点错误，就请大家指教和纠正.

二 三个原则

我从事普及数学方法的工作是从 60 年代①中期开始的，迄今我们已经到过中国的 23 个省、市、自治区，几百个城市，几千个工厂，会见了成百万的工人、农民和技术人员．从工作实践中，我们体会到在普及数学方法时有以下三个原则：

(1) "为谁?"或"目的是什么?"

(2) "什么技术?"

(3) "如何推广?"

我现在对这三个问题简单地分述如下：

(1) 在专家与工人之间并不一定有共同语言，要找到共同语言，必须要有共同的目的．绝不能你想你的，他想他的．无穷维空间对一个数学家来说很引人入胜，但对工人来说，

———————————

① 即 20 世纪 60 年代。——编者注

他不关心这一点．他希望尽快地找到砂轮或锡林（cylinder）①的平衡位置．因此搞普及工作，首先要找到讲者与听者间的共同目标．有了共同目标，就能为产生共同语言打开道路．这样才有可能提到(2)选择什么技术的问题．

(2)关于这一问题，我以后还要比较详细地讲，现在仅提出"选题三原则"：

1)群众性．我们提出来的方法，要让有关的群众听得懂，学得会，用得上，见成效．

2)实践性．每个方法在推广之前都要经过实践，通过实践去检验这个方法可以适用的范围，然后在这个范围内进行推广，在实践中会发现，在国外取得成功的方法，如果原封不动地搬到中国来，往往不一定能取得预期的成果．

3)理论性．必须有较高的理论水平．因为有了理论，才能深入浅出；因为有了理论，才能辨别方法的好坏；因为有了理论，才能创造新的方法．

(3)如何推广的问题，我们的经验是：亲自下去，从小范围做起．例如先从一个车间做起，从一个项目做起．如果一个车间做出成绩，引起了注意，其他车间会闻风而来，邀请

① 锡林，棉纺精梳机的关键部件，呈圆筒状．——编者注

我们前去．如果整个工厂从领导到群众大多感兴趣了，那就可以推广到整个工厂，一直到整个城市、整个省和自治区．就这样，有时我们要对几十万个听众演讲．演讲的方法是有一个主会场，并设若干个分会场．我们的闭路电视还不普遍，所以在每个分会场都有我的助手负责演示与画图．讲完后，我们不仅要负责答疑，更重要的是到现场去，和大家一起工作、实践，务必让讲授的方法在生产中见到效果．

三 书本上寻

作为一个学者，往往会到文献中或书本上寻找材料。如果能注意分析比较，这样做不失为一个好方法，可以从中获得不少经验和教训。例子很多，我仅举其中之一。

如何计算山区的表面积？我们在书上找到了两个方法：一个是地质学家的 Бауман 法，另一个是地理学家的 Волков 法。这些方法的叙述如下：

从一个画有高程差为 Δh 的等高线地图出发。l_0 是高度为 0 的等高线，l_1 是高度为 Δh 的等高线，……，l_n 是制高点，高度为 h。W_i 是 l_i 与 l_{i+1} 间平面上的面积。

1）地质学家的方法分两步：

a）令 $C_i = \dfrac{1}{2}(\,|\,l_i\,| + |\,l_{i+1}\,|\,)$，$|\,l_i\,|$ 是等高线 l_i 的长度。

b）$B_n = \displaystyle\sum_{i=0}^{n-1} \sqrt{W_i^2 + C_i^2}$。

地质学家把B_n看作是这块山地区域面积值.

2)地理学家的方法,也分两步:

a) $l = \sum_{i=1}^{n} |l_i|, W = \sum_{i=0}^{n-1} W_i$.

b) $V_n = \sqrt{W^2 + (\Delta h \cdot l)^2}$.

地理学家把V_n看作是这块山地区域面积值.

这是我们从不同的科学分支找来的两种方法.当这些方法摆在我们面前的时候,立刻就出现了两个问题:(i)它们是否收敛于真面积?(ii)哪个方法好些?

使人失望的是,两个方法都不收敛于真面积A,确切地说,命

$$B = \lim_{n\to\infty} B_n, \quad V = \lim_{n\to\infty} V_n,$$

则得出
$$V \leqslant B \leqslant A.$$

证明是不难的,但似乎有些趣味.我们把曲面写成为

$$\rho = \rho(z, \theta), 0 \leqslant \theta < 2\pi.$$

这是以制高点为原点、高度为z的等高线方程,则习知

$$A = \int_0^h \int_0^{2\pi} \sqrt{\rho^2 + \left(\frac{\partial \rho}{\partial \theta}\right)^2 + \left(\rho \frac{\partial \rho}{\partial z}\right)^2} \, d\theta dz.$$

如果引进一个复值函数

$$f(z, \theta) = -\rho \frac{\partial f}{\partial z} + i \sqrt{\rho^2 + \left(\frac{\partial \rho}{\partial \theta}\right)^2},$$

则

$$V = \left| \int_0^h \int_0^{2\pi} f(z,\theta)\, d\theta dz \right| \leqslant B = \int_0^h \left| \int_0^{2\pi} f(z,\theta)\, d\theta \right| dz$$

$$\leqslant A = \int_0^h \int_0^{2\pi} |f(z,\theta)|\, d\theta dz.$$

我们还发现了它们取等号的可能性。很不幸，只有在一些非常特殊的情况下，才取等号。

这个例子，一方面说明了数学工作者从其他科学领域寻找问题的可能性。另一方面，也说明了数学理论的作用。没有数学理论就不能识别方法的好坏。经过理论上的分析，我们就有可能由之而创造出更好的方法来。

找出了较好的方法，是不是能够成为我们应该普及的材料？不！这个方法只要让地质地理学家们知道就够了。也就是建议他们写书的时候改用新法、或作为我们教授微积分时的资料就行了。

虽然这不是我们可以推广的项目，但我还是觉得这样的工作是必要的。这样的材料积累多了，就可以使我们改写教材时显得更充实，习题可以更实际，不是仅仅在概念上兜圈子，或凭空地去想些难题。

四 车间里找

从一个车间或从个别工人那里得来的问题，也有不少是很有意义的．我在这儿举其中一个作为例子，叫作挂轮问题．

那是 1973 年，我们到了中国中部的洛阳市去推广应用数学方法．洛阳拖拉机厂的一位工人给我们提出一个"挂轮问题"．

用数学的语言来表达：给定一个实数 ξ，寻求四个介于 20 和 100 之间的整数 a，b，c，d，使

$$\left| \xi - \frac{a \times b}{c \times d} \right|$$

最小．

这位工人给我们指出，从机械手册所查到的数字是不精确的．他以 $\xi = \pi$ 为例，手册上给出的是

$$\frac{377}{120} = \frac{52 \times 29}{20 \times 24},$$

他自己找到的

$$\frac{2108}{671} = \frac{68 \times 62}{22 \times 61}$$

要比手册上的好．他问还有比这更好的吗？

这是 Diophantine 逼近问题，粗看起来容易，用连分数有可能解决这个问题．或许从 π 的渐近分数

$$\frac{3}{1}, \frac{22}{7}, \frac{333}{106}, \frac{355}{113}, \frac{103993}{33102}, \cdots$$

中能找到一个数比这位工人找出的数更好？可是不行！$\frac{355}{113}$ 以前的分数太粗糙，不比他的好．以后的分子分母都超过 100^2，不合要求．113 是素数，不能分解为 $c \times d$．这个问题竟成了棘手的问题．怎么办？

时间仅有一天！在我离开洛阳的时候，在火车站给我的助手写了一张小纸条：

$$\boxed{\frac{377}{120} = \frac{22 + 355}{7 + 113}}$$

我的助手看了这小纸条，知道我建议他用 Farey 中项法．

我的助手用这方法，又找出两个更好的分数．

$$\frac{19 \times 355 + 3 \times 333}{19 \times 113 + 3 \times 106} = \frac{7744}{2465} = \frac{88 \times 88}{85 \times 29}$$

及
$$\frac{11 \times 355 + 22}{11 \times 113 + 7} = \frac{3927}{1250} = \frac{51 \times 77}{50 \times 25}.$$

最后一个分数是最好的.

上面是以 π 作为例子，但得出来的方法可以用来处理任意的实数。根据这个方法我们发现工程手册上有好些 a、b、c、d 并不是最好的，并且还有漏列。我在此顺便一提：我们可以根据这些经验去帮助编写工程手册的单位和人员，改进他们手册的质量.

找到这个方法，是否能作为我们推广普及的材料？虽然需要这方法的人比算山区表面积的人多些，但用"挂轮计算"的毕竟还是工人中的极少数，而且，如果工程手册改进了，也就可以起到同样的作用。于是，"选题"问题还需要多方探讨.

五 优选法

来回调试法是我们经常用的方法．但是怎样的来回调试最有效？1952 年 J. Kiefer 解决了这一问题．由于和初等几何的黄金分割有关，因而称为黄金分割法．这是一个应用范围广阔的方法，我们怎样才能让普通工人掌握这个方法并用于他们的工作中？

我们讲授的方法是(先预备一张狭长纸条)

1) 请大家记好一个数字 0.618．

2) 举例说：进行某工艺时，温度的最佳点可能在 1000 ～ 2000℃之间．当然，我们可以隔一度做一个实验，做完一千个试点之后，我们一定可以找到最佳温度．但要做一千次实验．

3)(取出纸条)假定这是有刻度的纸条，刻了 1000 ～ 2000℃．第一个试点在总长度的 0.618 处做，总长度是 1000，乘以 0.618 是 618，也就是说第一点在 1618℃做，做出结果记下.

4）把纸条对折，在第一试点的对面，即点②(1382℃)处做第二个实验.

比较第一、二试点结果，在较差点(例如①)处将纸条撕下不要.

5）对剩下的纸条，重复4）的处理方法，直到找出最好点.

用这样的办法，普通工人一听就能懂，懂了就能用. 根据上面第二部分提出的"选题三原则"，我们选择了若干常用的优选方法，用类似的浅显语言向工人讲授.

对于一些不易普及但在特殊情况下可能用上的方法，我们也做了深入的研究. 例如1962年提出的 DFP 法（Davidon-Fleteher-Powell）. 声称收敛速度是

$$|x^{(k+1)} - x^*| = o(|x^{(k)} - x^*|),$$

我们曾指出此法的收敛速度还应达到

$$|x^{(k+n)} - x^*| = o(|x^{(k)} - x^*|^2).$$

1979 年我们在西欧才得知 W. Burmeister 于 1973 年曾证明了这结果．但是我们早在 1968 年就给出了收敛速度达到

$$|x^{(k+1)} - x^*| = o(|x^{(k)} - x^*|^2)$$

的方法．这方法比 DFP 法至少可以少做一半实验．

六 分数法

有时客观情况不是连续变化的. 例如一台车床,只有若干档速度. 这时候 $\frac{\sqrt{5}-1}{2} \approx 0.618$,似乎难以用上,但连分数又起了作用. $\frac{\sqrt{5}-1}{2}$ 的渐近分数是

$$\frac{0}{1}, \ \frac{1}{1}, \ \frac{1}{2}, \ \frac{2}{3}, \ \frac{3}{5}, \ \frac{5}{8}, \ \frac{8}{13}, \ \cdots, \ \frac{F_n}{F_{n+1}}, \ \cdots$$

这儿的 $\{F_n\}$ 是 Fibonacci 数, 由 $F_0 = 1$, $F_1 = 1$ 及 $F_n + F_{n+1} = F_{n+2}$ 来定义. 这个方法,我们是利用"火柴"或零件,在车床旁向工人们讲述的.

例如,一台车床有 12 档

①②③④⑤⑥⑦⑧⑨⑩⑪⑫

我们建议在第⑧档做第一个实验,然后用对称法,在⑤做第二个实验,比比看哪个好. 如果⑧好,便甩掉①～⑤而留下

$$\overset{\cdot}{⑥}⑦⑧⑨⑩⑪⑫$$

(不然，则留下

$$①②③④⑤\overset{\cdot}{⑥}⑦)$$

再用对称法，在⑩处做实验．如果还是⑧好，则甩掉⑩⑪⑫，余下的是

$$\overset{\cdot}{⑥}⑦⑧⑨$$

再用对称法在⑦处做实验，如果⑦好，便留下

$$\overset{\cdot}{⑥}⑦$$

最后在⑥处做实验，如果⑥较⑦好，则⑥是十二档内最好的一档，我们就在⑥档上进行生产．

这种方法易为机械加工工人所掌握．

七　黄金数与数值积分

$\theta = \dfrac{\sqrt{5}-1}{2}$ 称为黄金数，不但在黄金分割上有用，它在

Diophantine逼近上也占有独特的地位．因而启发我想到以下的

数值积分公式：

$$\int_0^1 \int_0^1 f(x,y)\,dx\,dy \ \sim \ \frac{1}{F_{n+1}} \sum_{t=1}^{F_{n+1}} f\left(\left\{ \frac{t}{F_{n+1}} \right\}, \left\{ \frac{tF_n}{F_{n+1}} \right\} \right)$$

这是用单和来逼近重积分的公式，这儿 $\{\xi\}$ 表示 ξ 的分数

部分．

如何把这个方法推广到多维积分呢？关键在于我们要认

识到 $\dfrac{\sqrt{5}-1}{2}$ 是什么？它是分单位圆为五份而产生的，也就是从

$$x^5 = 1$$

即

$$x^4 + x^3 + x^2 + x + 1 = 0$$

中，令 $y = x + \dfrac{1}{x}$ 而得到 $y^2 + y - 1 = 0$，解之，得 $y = \dfrac{\sqrt{5}-1}{2}$，也

就是 $y = 2\cos\dfrac{2\pi}{5}$．这是分圆数，既然分圆为 5 份的 $2\cos\dfrac{2\pi}{5}$ 有

用处，那么分圆为 p 份的

$$2\cos\frac{2\pi l}{p}, \quad 1 \leqslant l \leqslant \frac{p-1}{2} = s$$

是否能用来处理多维的数值积分？此处 p 表示奇素数．

Minkowski 定理早已证明有 $x_1, \cdots, x_{s-1}$ 及 y，使

$$\left| 2\cos\frac{2\pi l}{p} - \frac{x_l}{y} \right| \leqslant \frac{s-1}{s y^{s/s-1}}.$$

但 Minkowski 的证明是存在性证明，对于分圆域 $\mathbf{R}\left(2\cos\dfrac{2\pi}{p}\right)$

而言，因为有一个独立单位系的明确表达式，所以能够有效

地找到 $x_1, \cdots, x_{s-1}$ 与 y，因此可用

$$\left(\left\{ \frac{t}{y} \right\}, \left\{ \frac{tx_1}{y} \right\}, \cdots, \left\{ \frac{tx_{s-1}}{y} \right\} \right), \quad t = 1, \cdots, y$$

来代替 $\left(\left\{ \dfrac{t}{F_{n+1}} \right\}, \left\{ \dfrac{tF_n}{F_{n+1}} \right\} \right), \quad t = 1, \cdots, F_{n+1}.$

这不但可以用于数值积分，而且凡用随机数的地方，都

可以试用这点列．

八 统筹方法

教学改革既要帮助学生扩大知识面，还要有促进社会生产发展的作用．以上介绍的优选法的例子既便于普及，又是改进生产工艺的好方法．另外，质量控制是在出了次品、废品后，不让它们出厂，从而保持本厂产品质量荣誉的方法，但是，与其出了废品后再处理，不如先用优选法找到最好的生产条件而减少废品率．这样，再用质量控制把关也就比较轻而易举了．

在生产中，除了生产工艺的管理问题外，还有生产组织的管理问题．处理这类问题所用的数学方法，我们称之为统筹方法(或统筹学)．

统筹学中也有许多好方法，可以进行普及，仅举几例．

(1)CPM 法[①]

---

① "Critical Path Methool"的缩写为 CPM，即"关键路线法"．——编者注

我们开始普及时，为了容易接受起见，而把让工期缩到最短作为目标．但是，一旦大家学会了这个方法，就会懂得去搞投资最少及人力、资源平衡等较为复杂的问题．CPM 是什么，大家都已知道了，我只准备介绍我们是怎样工作的．

我们的第一原则是根据实际工程，使技术人员或工人学会这一方法，步骤是

（i）调查．调查三件事：a)组成整个工程的各个工序；b)各工序之间的衔接关系；c)每道工序所需的时间，要做好这一条，一定要注意依靠生产第一线的工人和技术人员，他们的估计比起上层的技术人员的估计更切合实际．

（ii）依据这些材料，使大家学会画出草图，再教会大家找关键路线的方法，然后大家讨论，献计献策，努力缩短工期，定出计划，画出 CPM 图．

（iii）注意矛盾转化．在工程进行过程中，经常会有提前或延期完成的现象，因此关键路线不会一成不变．我们就要经常注意变化的情况，给有关工段下指示．

（iv）总结．在工程完成后，依照实际的进度重画 CPM 图，这样可以把这次的经验记录下来，作为下次施工的参考．

我们体会到，这一方法宜小更宜大，或者从基层工段做起，逐步汇成整个工程的 CPM 图．或从全局着眼，先拟制一

个粗线条的计划，然后由基层单位拟订自己的 CPM 图，再综合起来，大家讨论修改．

（2）序贯分析（sequencing analysis）

如果有若干工程（每个工程各有时间估计，或可用 CPM 估出），可以任意安排先后次序施工，如何安排次序，使总的等待时间最短．

在解决这一问题之前，先讲一个数学问题．

有两组非负数

$$a_1, \cdots, a_n;$$
$$b_1, \cdots, b_n.$$

怎样的次序使

$$\sum_{i=1}^{n} a_i b_i$$

最小，或最大？答案是："a"与"b"同序时最大，逆序时最小，证明是容易的，从下面最简单的情况，不难推出最一般的结果．

若 $a_1 \leqslant a_2$，$b_1 \leqslant b_2$，则

$$a_1 b_1 + a_2 b_2 \geqslant a_1 b_2 + a_2 b_1,$$

即 $(a_2 - a_1)(b_2 - b_1) \geqslant 0$．一般来说，和中若有一个不同序处，则改之为同序后，和数更大．

再用通俗的话来讲：有一个水龙头，有 n 个容量分别为 a_1，a_2，$\cdots$，a_n 的水桶，依怎样的次序安排才能使总的等待时间最短？第一桶注满的时间是 a_1，第二桶是 $a_1 + a_2$，$\cdots$，所以总的等待时间是

$$a_1 + (a_1 + a_2) + \cdots + (a_1 + a_2 + \cdots + a_n)$$

$$= na_1 + (n-1)a_2 + \cdots + 2a_{n-1} + a_n .$$

它当"a"依 $b_1 = n$，$b_2 = n-1$，$\cdots$，$b_n = 1$ 的反向排列时最小，即

$$a_1 \leqslant a_2 \leqslant \cdots \leqslant a_n .$$

也就是容量小的先灌.

如果有 s 个水龙头，第一个水龙头上的水桶容量次序为 $a_1^{(1)}$，$\cdots$，$a_m^{(1)}$. 第二个是 $a_1^{(2)}$，$\cdots$，$a_m^{(2)}$，$\cdots$. 因此总等待时间是

$$\sum_{j=1}^{s} \left(ma_1^{(j)} + (m-1)a_2^{(j)} + \cdots + a_m^{(j)} \right)$$

（我们不排除有些 $a_t^{(j)} = 0$）.

命 $$b_1 = b_2 = \cdots = b_s = m,$$

$$b_{s+1} = b_{s+2} = \cdots = b_{2s} = m-1,$$

$$\cdots\cdots\cdots\cdots$$

便得出结论：仍然是"小桶先灌".

（3）上面两段初等介绍，使大家对多工程，总安排有了初步认识．然后再向负责组织管理的人提供当前他们所用得着的方法．

（4）另一个可以普及的方法是关于运输调配的图上作业法．有 n 个小麦产地 a_1，…，a_n，各生产麦子 A_1，…，A_n（吨），要运往 m 个消费点，各需要麦子 B_1，…，B_m．要求运输的吨公里①数最小．这问题当然可以用线性规划来处理．但我们往往用较简单的图上作业法．这个方法的原则是：利用交通图，消灭对流和迂回．

---

① 货物运输计量单位。1 吨货物运输 1 公里为 1 吨公里。——编者注

九　统计方法

(1) 经验公式及数学见识的重要性

经验公式往往从许多统计数据归纳而得，具有广博知识和一定数学修养的科学家很容易看出某个经验公式的意义．举个例子，印度数理统计学家 R. C. Bose 分析了印度稻叶的大量样本，得出一个计算稻叶面积 A 的经验公式

$$A = \frac{长 \times 宽}{1.2}.$$

我不怀疑此公式的可靠性．一些中国农学家应用相同的公式去估计他们的稻子试验田的产量，我看了他们稻田里叶子的形状后，便立刻指出这公式不适合他们的稻叶．他们采集了一些稻叶样本来测量，果然发现这公式估计的面积比实际稻叶面积大．他们很奇怪，我画了下面的一个图向他们解释：阴影部分表示叶片的面积．

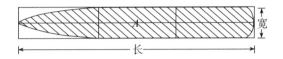

在这种情形下，长方形面积与 A 的比近似为 $6:5$ 即 1.2.但在他们的试验田里，叶片的形状更为狭长. 我又画了另一个图:

这时，长方形面积与 A 的比当然大于 1.2 了. 很容易解释为什么用 Bose 的公式会高估了他们稻叶的面积.

由此，我们得到了很好的教训: 一个经验公式的数学背景是非常重要的.

(2) 简便统计

在实验科学中我们常常应用统计方法，当然不能否认，这些方法是重要的. 然而，我个人认为某些方法太复杂烦琐，而且很容易被滥用、误用. 先举一些例子.

例1 某一实验独立地重复了 20 次，以 x_1，…，x_{20} 表示观察值. 命

$$\bar{x} = \frac{x_1 + \cdots + x_{20}}{20}, \quad (\text{均值})$$

$$s = \sqrt{\sum_{w=1}^{20} \frac{(x_i - \overline{x})^2}{19}}.\quad (标准差)$$

这时，做实验的人可以声称：观察值落在区间 $(\dfrac{\overline{x} - 1.73s}{\sqrt{20}},$

$\dfrac{\overline{x} + 1.73s}{\sqrt{20}})$ 的置信概率为 0.9．这样复杂的方法似乎不易为中

国的普通工人所理解，此外，基本的 Gauss 假设很可能不

成立！

实际上，我倾向于用如下的简便方法．

将观察值排好次序，记为

$$x_{(1)} \leqslant x_{(2)} \leqslant \cdots \leqslant x_{(20)}$$

我们可以如实地说，实验值落在 $\left(\dfrac{x_{(1)} + x_{(2)}}{2}, \dfrac{x_{(19)} + x_{(20)}}{2}\right)$ 的可

能性大于 $\dfrac{18}{20} = 90\%$．

例 2 假如有两种生产方法，每种方法有 5 个观察值，要

求检验哪种方法较好．以 $\{a_1, \cdots, a_5\}$ 与 $\{b_1, \cdots, b_5\}$ 分别

表示第一法与第二法的观察值．我们可以借助于通常的

student 分布，试一试比较两者的均值．但要知道，用这样一

个复杂的办法，要基于一系列的假设，诸如正态性、同离差、

独立性等等．对于这些东西，普通工人是不容易理解的．

有一个更为可靠的简便方法，它只基于有序样本 $a_{(1)} > a_{(2)} > \cdots > a_{(5)}$ 和 $b_{(1)} > b_{(2)} > \cdots > b_{(5)}$ 的比较，可能更适于在中国推广．举例说，如果将两组样本混起来比较次序，有

$$a_{(1)} > a_{(2)} > a_{(3)} > a_{(4)} > b_{(1)} > a_{(5)} > b_{(2)} > b_{(3)} > b_{(4)} > b_{(5)}$$

或 $a_{(1)} > a_{(2)} > a_{(3)} > a_{(4)} > a_{(5)} > b_{(1)} > b_{(2)} > b_{(3)} > b_{(4)} > b_{(5)}$

我通常伸出两只手、两只大拇指互相交叉，用以说明前者：

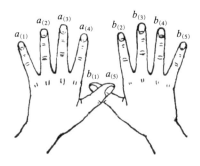

即使是普通工人也很容易明白：不能说两种生产方法一样好．进一步讲，两组样品有 $5 \times 5 = 25$ 种比较关系，除了 $b_{(1)} > a_{(5)}$ 外，"a" 都大于"b"．所以"第一种生产方法比第二种好"有 $\dfrac{24}{25} = 96\%$ 的可能性．

（3）PERT

考虑 Program Evaluation Review Technique（PERT）．假如在

表示某工程的网络中共有 N 个活动，描述第 i 个活动持续时间的基本参数有三个。以 a_j，b_j 和 c_j 表示"乐观时间""最可能时间"和"悲观时间"。第 i 个活动的持续时间通常假定是服从 beta 分布[在(a_j，c_j)上]，具有平均持续时间 m_j，

$$m_j = \frac{(a_j + 4b_j + c_j)}{6}$$

并且有离差 $\qquad \frac{(b_i - a_i)^2}{36}$

整个工程所需总时间的概率分布是否可用 Gauss 分布来近似？对这个问题仍然有争议。Gauss 分布的前提是中心极限定理（CLT）。"服从 beta 分布"这个假设本身已有争论，即使不计及这点，能否草率地应用 CLT，还很有疑问。

（4）实验的设计

我认为，迄今为止还没有给予非线性设计足够的重视，过去偏重于线性模型的研究，却掩盖了一个重要的事实：这些模型往往不符合现实。

我们需要不断改进模型，使之更接近现实。当然，我们也懂得任何模型都不是实体，不能指望有一个完全符合现实的模型。

（5）分布的类型

有人一直主张用 Pearson Ⅲ型分布去模拟"特大"洪水间隔时间的分布。在这个问题中，数据本来就少得可怜，因而用 pearson Ⅲ型分布是否符合事实？是否明智？都值得怀疑。更不用说从这模型去预测下一次大洪水到来的时间了。

十 数学模型

(1) 矩阵的广义逆

考虑 y 关于 x_1, $\cdots$, x_p 的一般回归模型,

$$y = f(x_1, \cdots, x_p) + e.$$

这里 e 表示随机"误差"项. 以 $y^{(i)}$ 表示 y 在 $x_1^{(i)}$, $x_2^{(i)}$, $\cdots$, $x_p^{(i)}$ 的观察值. 若假定 f 是线性的, 且有 $n\,(>p)$ 个观察值, 那么

$$y^{(i)} = \sum_{j=1}^{p} \theta_j x_j^{(i)} + e^{(i)}, i = 1, \cdots, n. \qquad (1)$$

估计 $\theta_1, \cdots, \theta_p$ 的一般方法是令 $\sum_{i=1}^{n} [e^{(i)}]^2$ 关于 θ_j 达到最小值. 亦即使 $Q = (\underset{\sim}{\theta}) = (\underset{\sim}{y} - \underset{\sim}{M}\underset{\sim}{\theta})'(\underset{\sim}{y} - \underset{\sim}{M}\underset{\sim}{\theta})$ 关于 $\underset{\sim}{\theta}$ 达最小值, 此处

$$\underset{\sim}{y} = [y^{(1)}, \cdots, y^{(n)}]',$$

$$\underset{\sim}{M} = \begin{bmatrix} x_1^{(1)} & x_2^{(1)} & \cdots & x_p^{(1)} \\ \vdots & \vdots & & \vdots \\ x_1^{(n)} & x_2^{(n)} & \cdots & x_p^{(n)} \end{bmatrix}$$

$$\underset{\sim}{\theta} = (\theta_1, \cdots, \theta_p)'.$$

为简单起见，可以假定 $\underset{\sim}{M}$ 是 p 阶的，那么，

$$Q(\underset{\sim}{\theta}) = [\underset{\sim}{\theta} - (\underset{\sim}{M'}\underset{\sim}{M})^{-1}\underset{\sim}{M'}\underset{\sim}{y}]'\underset{\sim}{M'}\underset{\sim}{M}[\underset{\sim}{\theta} - (\underset{\sim}{M'}\underset{\sim}{M})^{-1}\underset{\sim}{M'}\underset{\sim}{y}]$$
$$+ \underset{\sim}{y'}[I - \underset{\sim}{M}(\underset{\sim}{M'}\underset{\sim}{M})^{-1}\underset{\sim}{M'}]\underset{\sim}{y} = S_1 + S_2,$$

因为 $S_1 \geqslant 0$，所以置

$$\underset{\sim}{\theta} = (\underset{\sim}{M'}\underset{\sim}{M})^{-1}\underset{\sim}{M'}\underset{\sim}{y} \qquad (2)$$

可使 $Q(\underset{\sim}{\theta})$ 达到最小值，有时候，(2) 被看作是方程

$$\underset{\sim}{y} = \underset{\sim}{M}\underset{\sim}{\theta} \qquad (3)$$

的广义解. 因之 $(\underset{\sim}{M'}\underset{\sim}{M})^{-1}\underset{\sim}{M'}$ 被称作 $\underset{\sim}{M}$ 的**广义逆**.

当然，如果模型是线性的，那么(2)是正确解. 但是，如果将(2)代入方程(3)后，y 的"观察值"和"预测值"之间出现本质上的差异，那么就得放弃线性的假定了.

有许多例子是将本质上非线性的问题当成线性去求解的. 广义逆的应用只不过是其中之一，另外一些例子有线性规划、正交设计等.

(2) 非负矩阵

因为许多经济学上的变量都是非负的，我认为非负矩阵的理论，很适用于分析经济关系. 我也相信，在建立中国经济的数学模型时，这一理论会很起作用.

十一　结　语

如果要我用几句话说明我在最近十五年来推广数学方法中学到了什么？我会毫不犹豫地回答，从中我学会了一个螺旋上升的过程：

附录　应用数学①

中国科学院应用数学小组分队

在过去的二十年里，华罗庚教授在继续纯数学的理论研究之外，又大力从事于数学方法对于国民经济的应用。他领导了一个由数学工作者、技术人员和工人所组成的小分队，到过全国二十三个省市，下到成千上万个工厂去进行普及推广工作。用这种办法，他成功地把许多有用的数学方法直接交到普通工人师傅手里，并应用在生产上，取得了显著的经济效果。他在这项工作上所花的时间和精力，毫无疑问，不比他在纯数学的任何一个领域里所花的来得少。由于这个原因，我们觉得在这本选集中应当收进一个说明他在这方面的贡献的简表。由于这种成果遍及于许多不同的行业和部门，所以不可能详细地一一叙述它们。

纺织

1．提高 2014 纱卡的质量。

2．解决美丽绸褪色的问题。

---

① 原载 Loo－Keng Hua, Selected papers. Springer－Verlag, 1983.

3．提高织机的效率．

4．提高细纱的单产．

5．提高涤棉布热定型的效率．

6．减少细纱的断头率．

7．改进滚筒表面的状况，减少缠纱的现象．

8．锡林动平衡问题．

9．提高染色质量，节约原材料．

电子

1．试制新的160 V 电容器．

2．100 万米废钼丝复活．

3．提高晶体管防潮漆的抗潮性能．

4．调试 XD$_1$ 信号发生器的功率放大器．

5．解决 BP－3 宽频谱分析仪的源电压波动问题．

6．回收稀有金属钽．

7．提高在制造钽电解电容器中钽粉的利用系数．

8．改进单晶硅衬底的质量．

9．控制铝膜的厚度．

10．高纯铝箔的退火．

11．提高点腐蚀工艺的质量．

冶金

1．提高球磨机的效率．

2．改进浇铸 H80 焊条钢中铝封顶的效果．

3．克服熔炼 Si－Cr 硅铬合金中的技术障碍．

4．减少电炉炼钢的时间．

5．提高 2Cr13 不锈钢的质量．

6．提高钴的产量．

7．提高钛的产量．

8．改进硅钢片涂层的质量．

9．提高三辊冷轧管机的产量．

10．减少 $\phi500$ 轧机的废品率．

11．提高金属锰的回收率．

12．解决由于钢锭收缩产生的孔隙的问题．

13．延长炉龄．

煤矿

1．合理安排，提高煤的产量．

2．调整联合采煤机的参数，提高机器效率．

3．减少炸药消耗，提高采煤工作面的单产．

4．提高精煤回收率．

5．提高圆环锚链和连接环的破裂强度．

电力

1．恢复汽轮发电机组的输出．

2．提高锅炉的效率．

3．改变工业供水系统．

4．调优供水泵的运行．

5．实现在开机并列时的自动频率调节．

6．降低汽轮机轴承的温度．

7．提高移动床软化水的效率．

通讯和交通

1．组织铁路施工．

2．提高车站的装卸率．

3．降低车船的燃料(油料)消耗．

4．改进气象导航．

5．组织泸州长江大桥的施工建设．

建筑和建材

1．建筑工程的组织．

2．建筑工程的预算．

3．桥梁工程的组织．

4．提高纤维板的产量．

5．降低聚氯乙烯胶泥的成本．

6．提高混凝土预制板的产量．

7．提高水磨石制品的质量．

8．提高膨胀珍珠岩的膨胀系数．

9．降低矿渣混凝土的成本．

10．试制多硫化钙溶液．

11．提高离心浇注混凝土管的效率。

食品、粮油加工

1．提高大米加工中的出米率．

2．提高油料加工中的出油率．

3．提高小麦加工中的出粉率．

4．提高酿酒工艺中的出酒率．

5．提高糖的回收率．

6．提高饴糖的产量．

7．降低细挂面的再加工率．

8．提高由麦芽制糖的出糖率．

9．提高豆腐质量，降低大豆消耗．

10．提高糖果的质量．

11．提高猪毛溶解工艺中蛋白的得率．

设计

1．设计无线电网络．

2．设计滤波器．

3．设计补偿器．

4．在给定地形上的机场的设计．

5．光学设计．

6．行星齿轮的设计．

7．无线电发射机的频带的设计．

8．电路开关的设计．

9．水样采集器的设计．

10．多级提水站的位置的设计．

化工

1．提高液晶对温度变色的灵敏度．

2．提高癸二酸的质量．

3．提高双氰胺的回收率．

4．提高活性炭的产量和质量．

5．延长辛烯醛加氢（触媒）反应中催化剂的寿命．

6．在锆氟酸钾生产中，节约原料硅氟酸钾．

7．提高抗氧剂 1010 的回收率．

8．改进精馏塔的分离系数．

9．提高糠醛的产率．

10．提高苛性碱的回收率．

11．增加来苏尔的产量．

12．在硫化碱的生产中，提高产量，节约原材料．

13．减少电能消耗，增加碳化钙的产量．

14．增加造粒塔的产量．

15．增加气体发生器的产气量．

16．增加磷肥的产量．

石油

1．提高破乳剂 GP122 的效能．

2．提高原油脱水的质量．

3．提高在常减压加工中，减压塔的总产率．

4．计算油井的最大产能．

5．提高化学清蜡中的溶蜡率．

6．优选锅炉运行的最佳条件．

7．降低厚油的黏性．

8．选择地震资料基地的回放仪滤波因素．

9．增加微球硅化铝(催化剂)的产量．

10．用铂重整法试炼新油种．

11．提高抗凝剂 605 的质量．

轻工业

1．提高热水瓶的质量．

2．增加肥皂的产量．

3．提高纸张的质量．

4．提高鞣制皮革的质量．

5．增加皮鞋的产量．

6．提高 10W 荧光灯光效．

7．增加卷烟的产量．

8．提高罐头内涂料的质量．

9．提高鸭绒分离机的效率．

10．利用干枯变质木材生产火柴．

11．提高锦纶丝的产量．

12．增加特种甘油的产量．

13．改进 TiF_2 玻璃的质量．

机械制造

1．提高各类机床的加工效率和精度．

2．挂轮间的最优逼近．

3．砂轮的静平衡．

4．提高落地镗床镜面标尺的光洁度．

5．提高球墨铸铁的质量．

6．提高法兰盘加工的质量．

7．快速镀铬．

8．提高电泳镀漆的质量．

9．各类切削工具的淬火工艺．

10．齿轮平面表面的高频淬火工艺．

11．振动膜的热处理．

12．不开坡口单层双面埋弧自动焊接．

13．用 3S 铬钼钒加工钻头．

14．氧气瓶的收口成型．

15．无氰镀锌工艺．

16．降低高炉的焦铁比．

制药

1．优选酰化反应时间增加扑热息痛的产量．

2．提高海带提取碘的得率．

3．降低磺胺嘧啶的成本．

4．增加敌百虫农药的产量．

5．改进四环素的压片工艺．

6．提高甲醇钠的产量．

7．提高土霉素盐酸盐的回收率．

8．在呋喃类药物生产中，节约原料．

9．提高磺胺嘧啶的发酵指数．

国家新闻出版广电总局
首届向全国推荐中华优秀传统文化普及图书

‖ 大家小书书目

古典诗文述略　　　　　　　　吴小如　著

诗的魅力
　　——郑敏谈外国诗歌　　　郑　敏　著

新诗与传统　　　　　　　　郑　敏　著

一诗一世界　　　　　　　　邵燕祥　著

舒芜说诗　　　　　　　　　舒　芜　著

名篇词例选说　　　　　　　叶嘉莹　著

汉魏六朝诗简说　　　　　　王运熙　著　董伯韬　编

唐诗纵横谈　　　　　　　　周勋初　著

楚辞讲座　　　　　　　　　汤炳正　著
　　　　　　　　　　　　　汤序波　汤文瑞　整理

好诗不厌百回读　　　　　　袁行霈　著

山水有清音
　　——古代山水田园诗鉴要　葛晓音　著

红楼梦考证　　　　　　　　胡　适　著

《水浒传》考证　　　　　　胡　适　著

《水浒传》与中国社会　　　萨孟武　著

《西游记》与中国古代政治　萨孟武　著

《红楼梦》与中国旧家庭　　萨孟武　著

《金瓶梅》人物　　　　　　孟　超　著　张光宇　绘

水泊梁山英雄谱　　　　　　孟　超　著　张光宇　绘

水浒五论　　　　　　　　　聂绀弩　著

《三国演义》试论　　　　　董每戡　著

《红楼梦》的艺术生命　　　吴组缃　著　刘勇强　编

《红楼梦》探源　　　　　　吴世昌　著

《西游记》漫话　　　　　　林　庚　著

史诗《红楼梦》　　　　　　何其芳　著
　　　　　　　　　　　　　王叔晖　图　蒙　木　编

细说红楼　　　　　　　　　周绍良　著

红楼小讲　　　　　　　　　周汝昌　著　周伦玲　整理

出版说明

"大家小书"多是一代大家的经典著作，在还属于手抄的著述年代里，每个字都是经过作者精琢细磨之后所拣选的。为尊重作者写作习惯和遣词风格、尊重语言文字自身发展流变的规律，为读者提供一个可靠的版本，"大家小书"对于已经经典化的作品不进行现代汉语的规范化处理。如有疏漏之处，概由本社负责，欢迎读者批评指正。

本书对华罗庚先生原稿数学部分的修改均得到华罗庚先生的学生和助手、中国优选法统筹法与经济数学研究会顾问陈德泉先生的审订，特此致谢。

北京出版社